CorelDRAW

2023

CorelDRAW

平面设计案例课堂

唐 琳 —————————————— 编著

清华大学出版社

北 京

内 容 简 介

本书通过108个具体实例，讲解如何使用CorelDRAW 2023对图形图像进行设计与处理。本书分为13章，精心挑选和制作每个实例，并将CorelDRAW 2023的知识点融入其中。可以说，读者学习这些实例，起到举一反三的作用，能够掌握图形图像创意与设计的精髓。

本书内容按照软件功能以及实际应用进行划分，每一章的实例在编排上循序渐进，其中既有打基础、筑根基的部分，又不乏综合创新的例子。主要内容包括CorelDRAW 2023的基本操作、手绘技法、插画设计、LOGO及卡片设计、海报设计、DM单设计、画册设计、折页设计、户外广告设计、VI设计、包装设计、服装设计、UI界面设计等知识。

本书内容丰富，语言通俗易懂，结构清晰，既适合初、中级读者学习使用，也可以供从事平面设计、插画设计的人员阅读，同时还可以作为大中专院校相关专业及计算机培训机构的上机指导教材。

图书在版编目（CIP）数据

CorelDRAW 2023平面设计案例课堂 / 唐琳编著.

北京：清华大学出版社，2025. 4. -- ISBN 978-7-302-68640-8

Ⅰ. TP391.412

中国国家版本馆CIP数据核字第2025T7H478号

责任编辑：张彦青
封面设计：李 坤
责任校对：李玉萍
责任印制：宋 林

出版发行：清华大学出版社

网　　　址：https://www.tup.com.cn，https://www.wqxuetang.com
地　　　址：北京清华大学学研大厦A座　　　　　邮　　编：100084
社 总 机：010-83470000　　　　　　　　　　邮　　购：010-62786544
投稿与读者服务：010-62776969，c-service@tup.tsinghua.edu.cn
质量反馈：010-62772015，zhiliang@tup.tsinghua.edu.cn

印 装 者：三河市君旺印务有限公司
经　　销：全国新华书店
开　　本：190mm×260mm　　　印　　张：21.75　　　字　　数：524千字
版　　次：2025年5月第1版　　　印　　次：2025年5月第1次印刷
定　　价：98.00 元

产品编号：103009-01

案例欣赏

▶自然类——蜂窝◀

▶装饰类——铃铛◀

▶天气类——太阳◀

▶动物类——火烈鸟◀

▶动物类——公鸡◀

▶动物类——绵羊◀

▶卡通类——兔子◀

▶卡通类——热气球◀

▶卡通类——圣诞雪人◀

▶环境类——唐人能源标志设计◀

▶机械类——天宇机械标志设计◀

▶饮品类——润源茶叶标志设计◀

▶订餐卡——餐厅订餐卡正面◀

▶订餐卡——餐厅订餐卡反面◀

▶抵用券——潮男服装馆正面◀

▶抵用券——潮男服装馆反面◀

▶入场券——小提琴音乐会入场券正面◀

▶入场券——小提琴音乐会入场券反面◀

美容类——护肤品海报

食品类——美食自助促销海报

宣传类——招聘海报

制作冷饮宣传单正面

制作火锅宣传单正面

制作旅游宣传单正面

制作旅游画册封面

制作酒店画册封面

制作美食画册封面

制作婚庆折页正面

制作餐厅三折页

制作茶具三折页

前　言

CorelDRAW 是 Corel 公司出品的一款矢量图形设计软件，广泛应用于平面设计、印刷出版、专业插画、VI 设计以及包装设计等领域。基于 CorelDRAW 在平面设计行业中的广泛应用，我们编写了本书，其中选择了平面设计中最为实用的 108 个案例，基本涵盖了平面设计需要掌握的 CorelDRAW 基础操作和常用技术。

01　本书内容 ▶▶▶▶

本书分为 13 章，按照平面设计的实际需求组织内容，以实用、够用为原则。其中包括 CorelDRAW 2023 的基本操作、手绘技法、插画设计、LOGO 及卡片设计、海报设计、DM 单设计、画册设计、折页设计、户外广告设计、VI 设计、包装设计、服装设计、UI 界面设计等内容。

02　本书特色 ▶▶▶▶

本书以提高读者的动手能力为出发点，涵盖了 CorelDRAW 平面设计方方面面的技术与技巧。通过 108 个实战案例，由浅入深、由易到难，逐步引导读者系统地掌握软件的操作方法和相关行业知识。

03　海量的电子学习资源和素材 ▶▶▶▶

本书附带所有的素材文件、场景文件、效果文件、多媒体有声视频教学录像，读者在读完本书内容以后，可以调用这些资源进行深入学习。

本书视频教学贴近实际，具有手把手教学的效果。

CorelDRAW 2023
平面设计案例课堂
配送资源 .part1

CorelDRAW 2023
平面设计案例课堂
配送资源 .part2

CorelDRAW 2023
平面设计案例课堂
配送资源 .part3

04 读者对象 ▶▶▶▶

（1）CorelDRAW 初学者。

（2）大中专院校和社会培训机构平面设计及其相关专业的学生。

（3）平面设计从业人员。

05 创作团队 ▶▶▶▶

本书由唐琳老师编写，参与编写的人员还有朱晓文、刘蒙蒙、马庆国。本书视频教学由朱晓文录制和剪辑。在编写过程中，我们虽竭尽所能希望将最好的讲解呈现给读者，但难免有疏漏和欠妥之处，敬请读者不吝指正。

编　者

目 录

Chapter

01

CorelDRAW 2023
的基本操作

本章导读:

在本章中将学习安装、卸载、启动 CorelDRAW 2023 的方法，并学习对该软件的一些基本操作，在制作与设计作品时，就可以知道如何下手，从哪些方面开始切入正题。

案例精讲 001　安装 CorelDRAW 2023

　　本案例将讲解如何安装 CorelDRAW 2023，具体操作方法如下。

　　（1）运行 CorelDRAW 2023 安装程序，首先屏幕中会弹出【正在初始化安装程序】界面，如图 1-1 所示。

　　（2）在界面中输入相应的信息，单击【下一步】按钮，如图 1-2 所示。

图 1-1

图 1-2

　　（3）在弹出的界面中单击【自定义安装】按钮，如图 1-3 所示。

　　（4）弹出选择安装程序界面，保持默认设置，单击【下一步】按钮，如图 1-4 所示。

图 1-3

图 1-4

　　（5）在弹出的选择安装程序功能界面中保持默认设置，单击【下一步】按钮，如图 1-5 所示。

（6）在弹出的【选择其他选项】界面中设置软件的安装路径，然后单击【立即安装】按钮，如图 1-6 所示。

图 1-5

图 1-6

（7）弹出正在安装界面，如图 1-7 所示。

（8）弹出【安装成功】界面，单击【完成】按钮，即可完成程序的安装，如图 1-8 所示。

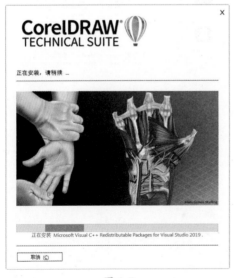
图 1-7

图 1-8

━━━━━━━━━━━
案例精讲 002　　**卸载 CorelDRAW 2023**

本案例将介绍如何卸载 CorelDRAW 2023，具体操作方法如下。

（1）在【控制面板】中选择【程序】\【程序和功能】选项，在弹出的窗口中选择 CorelDRAW Technical Suit 选项，单击鼠标右键，在弹出的快捷菜单中选择【卸载 / 更改】命令，如图 1-9 所示。

（2）弹出【正在初始化安装程序】提示界面，如图 1-10 所示。

（3）在弹出的如图 1-11 所示的界面中选中【删除】单选按钮，并选中【删除用户文件】复选框，然后单击【删除】按钮。

（4）程序进入卸载界面，如图 1-12 所示。卸载完成后，单击【完成】按钮，如图 1-13 所示。

图 1-9

图 1-10

图 1-11

图 1-12

图 1-13

案例精讲 003　**启动与退出 CorelDRAW 2023**

如果用户的计算机上已经安装了 CorelDRAW 2023 程序，即可启动该程序，具体操作方法如下。

（1）在 Windows 系统的【开始】菜单中选择 CorelDRAW Technical Suite | CorelDRAW 命令，如图 1-14 所示。

（2）启动 CorelDRAW 2023 后，会出现如图 1-15 所示的【欢迎屏幕】界面，单击右上角的【关闭】按钮，即可退出程序。

图 1-14

图 1-15

提示：
通过按 Alt+F4 组合键，也可以退出程序。

案例精讲 004　**新建文档**

在使用 CorelDRAW 进行绘图前，必须新建一个文档。新建文档就像绘画前需要先准备一张白纸一样，下面将进行详细介绍。

（1）在【欢迎屏幕】界面单击【新文档】按钮，将弹出【创建新文档】对话框，如图 1-16 所示，在该对话框中可进行相应的参数设置，单击 OK 按钮即可新建文档。

（2）对新建文档的属性进行设置。在属性栏的【页面尺寸】下拉列表框 A4 ▼中可以选择纸张的类型；通过【页面度量】微调框 可以自定义纸张的大小。这里将纸张类型设置为 A4，如图 1-17 所示。

提示：
一般情况下，也可以使用以下任意一种方法新建文档。
（1）在菜单栏中选择【文件】|【新建】命令。
（2）在工具栏中单击【新建】按钮。
（3）按 Ctrl+N 组合键，执行【新建】命令。

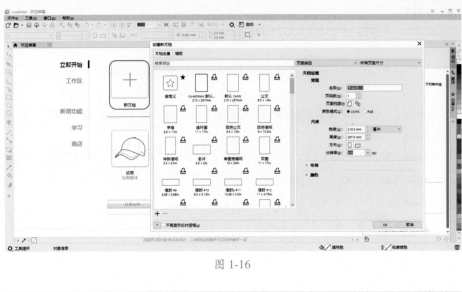

图 1-16

图 1-17

（3）在默认状态下，新建的文件以纵向页面方式摆放图纸，如果想更改页面的方向，可以单击属性栏中的【纵向】按钮□与【横向】按钮□进行切换。图 1-18 所示为单击【横向】按钮□后的效果。

（4）在属性栏的【单位】下拉列表框中，可以更改绘图时使用的单位，其中包括英寸、毫米、点、像素、英尺等单位，如图 1-19 所示。

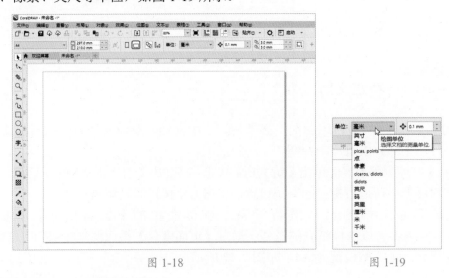

图 1-18   图 1-19

案例精讲 005   从模板新建文件

CorelDRAW 2023 提供了多种预设模板，这些模板已经添加了各种图形或者对象，可以在它们的基础上建立新的图形文件，然后对文件进行编辑处理，以便更快、更好地达到预期效果，从模板新建文件的方法如下。

（1）在【欢迎屏幕】界面中单击【从模板新建】按钮，或者在菜单栏中选择【文件】|【从模板新建】命令，弹出【创建新文档】对话框，该对话框中提供了多种类型的模板文件，选择如图 1-20 所示的模板，单击【打开】按钮。

（2）由模板新建的文件如图 1-21 所示，用户可以在该模板的基础上进行编辑、输入相关文字或执行绘图操作。

图 1-20　　　　　　　　　　　　　　　　图 1-21

案例精讲 006　打开文档

本案例将讲解如何打开文档，其具体操作步骤如下。

（1）在菜单栏中选择【文件】|【打开】命令，弹出如图 1-22 所示的【打开绘图】对话框，选择素材 \Cha01\ 文档素材 .cdr 文件，单击【打开】按钮，也可以直接双击要打开的文件。

（2）即可将选择的文件在程序窗口中打开，打开文档后的效果如图 1-23 所示。

图 1-22　　　　　　　　　　　　　　　　图 1-23

案例精讲 007　导入文件

由于 CorelDRAW 2023 是一款矢量绘图软件，一些文件无法用【打开】命令将其打开，此时就必须使用【导入】命令，将相关的位图导入，然后打开。导入文件的操作如下。

（1）按 Ctrl+N 组合键，新建一个宽度和高度分别为 2660px、1773px 的新文档，将【原色模式】设置为 CMYK，【渲染分辨率】设置为 300，单击【确定】按钮。按 Ctrl+I 组合键，弹出【导入】对话框，选择素材\Cha01\ 人物照片 .jpg 文件，单击【导入】按钮，如图 1-24 所示。

图 1-24

（2）此时将弹出如图 1-25 所示的文件大小等信息，将左上角的定点图标移至图纸的左上角，单击并按住鼠标左键不放，然后拖动鼠标指针至图纸的右下角，在合适位置释放鼠标左键即可确定导入图像的大小与位置，如图 1-26 所示。

图 1-25

图 1-26

（3）导入的图像效果如图 1-27 所示，此时拖动图像周围的控制点可调整其大小。

图 1-27

提示：

　　在导入文件时，如果只需要导入图片中的某个区域或者需要重新设置图片的大小、分辨率等属性时，可以单击【导入】按钮，在弹出的下拉菜单中选择【重新取样并装入】或【裁剪并装入】命令，如图 1-28 所示。

图 1-28

案例精讲 008　导出文件

　　在 CorelDRAW 中完成文件的编辑后，使用【导出】命令可以将它保存为指定的格式类型。具体操作如下。

　　（1）继续上一个案例的操作，在菜单栏中选择【文件】|【导出】命令，或按 Ctrl+E 组合键，或单击工具栏中的【导出】按钮 ，将弹出【导出】对话框。在该对话框中指定文件导出的位置，在【保存类型】下拉列表框中选择要导出的文件格式，在【文件名】下拉列表框中输入要导出文件的名称，如图 1-29 所示。

　　（2）单击【导出】按钮，弹出【导出到 JPEG】对话框，设置【颜色模式】为【RGB 色（24 位）】，其余参数保持默认设置，单击 OK 按钮，如图 1-30 所示，即可完成导出文件的操作。

图 1-29

图 1-30

案例精讲 009　**关闭文档**

编辑好一个文档后，需要将其关闭，具体操作步骤如下。

（1）继续上一个案例的操作，如果文档经过编辑后，尚未进行保存，则在菜单栏中执行【文件】|【关闭】命令，会弹出如图 1-31 所示的提示对话框。如果需要保存编辑后的内容，单击【是】按钮，在弹出的【保存绘图】对话框中设置保存路径、类型和文件名，然后单击【保存】按钮即可；如果不需要保存编辑后的内容，单击【否】按钮；如果不想关闭文件，则单击【取消】按钮。

（2）如果文档经过编辑后已经保存，则只需在菜单栏中执行【文件】|【关闭】命令或在绘图窗口的标题栏中单击【关闭】按钮 ✕，即可将当前文档关闭，如图 1-32 所示。

图 1-31

图 1-32

案例精讲 010　**设置页面背景**

本案例将介绍页面背景的设置，其操作步骤如下。

（1）新建一个宽度和高度分别为 1000px、500 px 的文档，按 Ctrl+J 组合键，弹出【选项】对话框，单击【文档】按钮，在【文档】列表框中选择【背景】选项，则右边的界面中将显示其相关设置参数，选中【纯色】单选按钮，其后的按钮呈活动状态，这时会打开调色板，用户可以在其中设置所需的背景颜色，如图 1-33 所示。

（2）设置完成后单击 OK 按钮，即可将页面背景设置为所选的颜色，如图 1-34 所示。

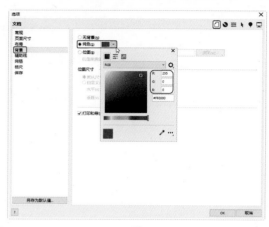

图 1-33　　　　　　　　　　　　　　　　　　图 1-34

（3）按 Ctrl+J 组合键，在弹出的【选项】对话框中单击【文档】按钮，在【文档】列表框中选择【背景】选项，选中【位图】单选按钮，此时【浏览】按钮呈活动状态，单击该按钮会弹出【导入】对话框，选择素材 \Cha01\ 页面背景 .jpg 文件，单击【导入】按钮。返回至【选项】对话框，选中【自定义尺寸】单选按钮，将【水平】、【垂直】设置为1000、500，如图 1-35 所示。

（4）单击 OK 按钮，即可设置页面背景，如图 1-36 所示。

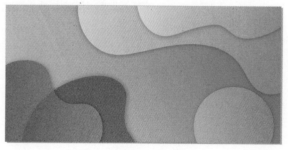

图 1-35　　　　　　　　　　　　　　　　　　图 1-36

案例精讲 011　页面版面设置

本案例主要介绍页面版面的设置，其操作步骤如下。

（1）启动软件后新建一个页面尺寸为 A4 的文档，在菜单栏中选择【布局】|【页面布局】命令，如图 1-37 所示。

（2）在【选项】对话框的【文档】列表框中选择【布局】选项，就会在界面右侧显示其相关设置参数，如图 1-38 所示。

图 1-37　　　　　　　　　　　　　　　图 1-38

（3）用户可以在【布局】下拉列表框中选择所需的布局版式，此处选择【三折小册子】选项，如图 1-39 所示。

（4）设置完成后单击 OK 按钮，效果如图 1-40 所示。

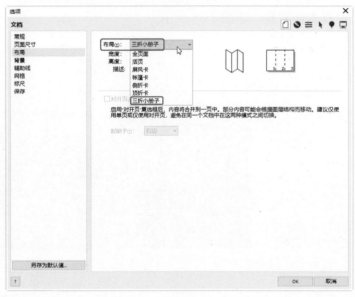

图 1-39　　　　　　　　　　　　　　　图 1-40

案例精讲 012　设置辅助线

本案例将介绍辅助线及动态辅助线的设置，其操作步骤如下。

（1）按 Ctrl+O 组合键，打开素材 \Cha01\ 辅助线素材 .cdr 文件，如图 1-41 所示。

（2）移动鼠标指针到水平标尺上，按住鼠标左键不放，向下拖曳，释放鼠标即可创建一条水平的辅助线，效果如图 1-42 所示。

图 1-41

图 1-42

（3）在标尺上双击，即可打开【选项】对话框，在【文档】列表框中选择【辅助线】选项，如图 1-43 所示。

（4）切换至【水平】选项卡，设置 Y 参数为 120，单击【添加】按钮，即可将该数值添加到右侧的文本框中，如图 1-44 所示。

图 1-43   图 1-44

（5）切换至【垂直】选项卡，设置 X 参数为 120，单击【添加】按钮，即可将该数值添加到右侧的文本框中，如图 1-45 所示。

（6）设置完成后单击 OK 按钮，即可在相应的位置处添加辅助线，效果如图 1-46 所示。

图 1-45　　　　　　　　　　　　　　　　　　　　图 1-46

案例精讲 013　　窗口的排列

　　本案例将介绍窗口的排列功能，其操作步骤如下。

　　（1）按 Ctrl+O 组合键，打开素材 \Cha01\ 辅助线素材 .cdr、文档素材 .cdr 文件，通过场景文件进行窗口排列操作，在菜单栏中选择【窗口】|【垂直平铺】命令，如图 1-47 所示。

　　（2）执行以上操作后的效果如图 1-48 所示。

图 1-47

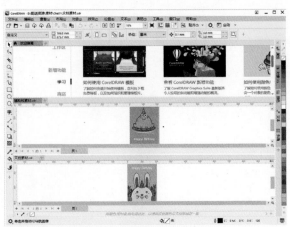

图 1-48

案例精讲 014　视图缩放及平移

本案例将介绍如何对视图进行缩放及平移，其操作步骤如下。

（1）按 Ctrl+O 组合键，打开素材 \Cha01\ 视图缩放及平移素材 .cdr 文件，如图 1-49 所示。

（2）选择工具箱中的【缩放工具】 ，将其移动到绘图页中的素材上，此时鼠标呈放大状态，如图 1-50 所示。

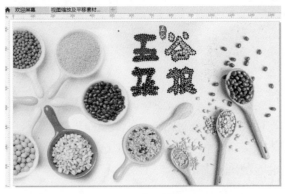

图 1-49

图 1-50

（3）在素材上单击鼠标左键即可将素材放大，放大后的效果如图 1-51 所示。也可以单击属性栏中的【放大】按钮 ，将素材放大显示。

（4）按住 Shift 键，鼠标呈缩小状态 ，如图 1-52 所示。此时单击鼠标左键可将素材缩小。也可以单击属性栏中的【缩小】按钮 将素材缩小，缩小后的效果如图 1-53 所示。

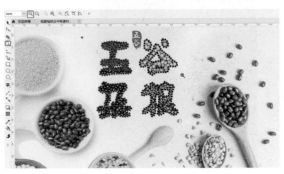

图 1-51

图 1-52

提示：
用户除了在工具箱中选择缩放工具外，还可以使用快捷键 Z，激活缩放工具。

（5）选择工具箱中的【平移工具】 ，在绘图页移动图形可对图形进行观察，如图 1-54 所示。

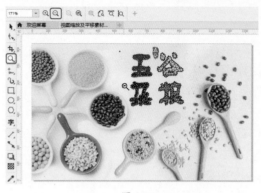
图 1-53

图 1-54

案例精讲 015　选择对象

在文档编辑过程中，经常需要选取单个或多个对象进行编辑操作，具体操作步骤如下。

（1）按 Ctrl+O 组合键，打开素材 \Cha01\ 素材 1.cdr 文件，在工具箱中选中【选择工具】按钮，按住鼠标左键在文档空白处拖曳出虚线矩形范围，如图 1-55 所示。

（2）释放鼠标后，该范围内的对象被全部选中，如图 1-56 所示。

图 1-55

图 1-56

提示：
多选后会出现错乱排列的白色方块，是因为当我们进行多选时会出现对象重叠的现象，因此用白色方块来表示选择对象的位置，一个白色方块代表一个对象。

（3）在工具箱中选中【手绘选择】按钮，按住鼠标左键在文档空白处绘制一个不规则范围，如图 1-57 所示。释放鼠标后，该范围内的对象将被全部选中。

（4）在工具箱中选中选择工具，按住 Shift 键的同时逐个单击不相连的对象，可以进行加选，如图 1-58 所示，此操作可以选择多个不相连的对象。

图 1-57　　　　　　　　　　　　　　　图 1-58

（5）在菜单栏中选择【编辑】|【全选】命令，在弹出的级联菜单中选择相应的命令，可以全选该类型所有的对象，如图 1-59 所示。

> **提示：**
> 　　在执行【编辑】|【全选】菜单命令时，锁定的对象、文本或辅助线将不会被选中，双击选择工具进行全选时，全选类型不包含辅助线和节点。

（6）这里选择【文本】命令，此时可以观察到，素材的文本对象已经被全部选中，如图 1-60 所示。

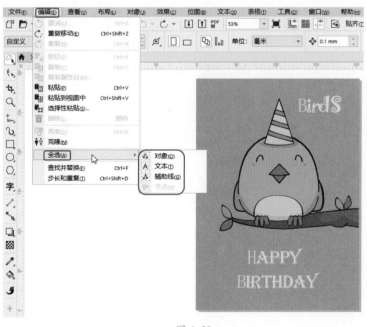

图 1-59　　　　　　　　　　　　　　　图 1-60

案例精讲 016 **移动对象**

在编辑对象时，移动对象可以通过直接拖曳鼠标进行，但是这样移动的对象位置不准确，此时可以在【变换】泊坞窗中设置 X、Y 的位置实现准确移动，效果如图 1-61 所示。

（1）按 Ctrl+O 组合键，打开素材 \Cha01\ 素材 2.cdr 文件，选中对象，当光标变为 ✛ 形状时，按住鼠标左键拖曳对象，如图 1-62 所示。需要注意的是，此操作移动不是很准确，可以配合键盘上的方向键进行移动。

（2）通过【变换】泊坞窗进行精确移动。按 Ctrl+Z 组合键撤销至素材初始状态，选中对象，按 Alt+F7 组合键，打开【变换】泊坞窗，将 X、Y 设置

图 1-61

为 -70px、-80px，选中【相对位置】复选框，选择移动的相对位置，单击【应用】按钮，如图 1-63 所示，利用此方法也可以完成移动对象的操作。

图 1-62

图 1-63

案例精讲 017　　**旋转对象**

　　下面通过三种方法来讲解如何旋转对象，效果如图 1-64 所示。

　　（1）继续上一个案例的操作，双击右侧的对象，出现旋转箭头后将光标放置在右上角，如图 1-65 所示。

　　（2）按住鼠标左键进行适当的旋转，效果如图 1-66 所示。

　　（3）选择如图 1-67 所示的对象，在属性栏上的【旋转角度】文本框中输入 20，也可以进行旋转。

　　（4）选择如图 1-68 所示的对象，在【变换】泊坞窗中选中【旋转】按钮 ◯，设置旋转角度的数值为 -20，选中【相对中心】复选框，单击【应用】按钮，即可完成旋转对象的操作。

图 1-64

图 1-65

图 1-66

图 1-67

图 1-68

提示:
旋转对象时,在【副本】文本框中输入数值,可以进行旋转复制操作。

案例精讲 018　缩放对象

本案例将讲解如何对图形对象进行缩放操作,效果如图 1-69 所示。

(1)继续上一个案例的操作,选中右侧的对象,将光标移动到锚点上,按住鼠标左键拖曳进行缩放,蓝色线框为缩放大小的预览效果,按住 Shift 键的同时可以以中心为缩放点进行缩放,如图 1-70 所示。

(2)选中左侧的对象,打开【变换】泊坞窗,选中【缩放和镜像】按钮，将 X、Y 均设置为 90%,选中【按比例】复选框,单击【应用】按钮,如图 1-71 所示,完成缩放操作。

图 1-69

图 1-70

图 1-71

案例精讲 019　镜像对象

下面通过三种方法来讲解镜像对象的操作,效果如图 1-72 所示。

(1)按 Ctrl+O 组合键,打开素材 \Cha01\ 素材 3.cdr 文件,选中左侧的"企鹅"对象,按住 Ctrl 键的同时向右拖曳鼠标,释放鼠标完成镜像操作,适当调整镜像后的对象位置,前后效果对比如图 1-73 所示。向上或向下拖曳为垂直缩放,向左或向右拖曳为水平镜像。

图 1-72   图 1-73

（2）选中"心形"对象，在属性栏中单击【水平镜像】按钮 ⊞ 或者【垂直镜像】按钮 ⊞ 进行操作，效果如图 1-74 所示。

图 1-74

（3）选中之前镜像过的"企鹅"对象，打开【变换】泊坞窗，选中【缩放和镜像】按钮 ⊞，设置 X、Y 参数均为 110%，选中【按比例】复选框，设置【副本】为 1，单击【水平镜像】按钮 ⊞，如图 1-75 所示。

（4）单击【应用】按钮，完成镜像操作，适当调整对象的位置，如图 1-76 所示。

图 1-75   图 1-76

案例精讲 020　**复制对象**

下面通过复制操作，完善中秋海报设计，效果如图 1-77 所示。

（1）按 Ctrl+O 组合键，打开素材 \Cha01\ 素材 4.cdr 文件，观察素材效果，如图 1-78 所示。

（2）选择左侧"兔子"对象，按小键盘上的 + 键在原位置复制一层，适当调整对象的大小、位置及旋转角度，效果如图 1-79 所示。

图 1-77

图 1-78

图 1-79

提示:

除上述方法外，还可以通过以下几种方法复制对象。

（1）在菜单栏中选择【编辑】|【复制】命令，然后选择【编辑】|【粘贴】命令。

（2）在对象上右击鼠标，在弹出的快捷菜单中选择【复制】命令，将光标移动至需要粘贴的位置，右击鼠标，在弹出的快捷菜单中选择【粘贴】命令。

（3）按 Ctrl+C 组合键进行复制，按 Ctrl+V 组合键进行粘贴。

（4）选中对象，通过属性栏中的【复制】按钮和【粘贴】按钮，实现复制操作。

案例精讲 021　**对象的排序**

编辑图像时，可以利用图层的叠加组成图案或体现效果。下面将讲解如何对对象进行排序，效果如图 1-80 所示。

（1）按 Ctrl+O 组合键，打开素材 \Cha01\ 素材 5.cdr 文件，观察素材效果，如图 1-81 所示。

图 1-80

图 1-81

（2）选择如图 1-82 所示的图形对象，右击鼠标，在弹出的快捷菜单中选择【顺序】|【向后一层】命令。

（3）执行【向后一层】命令后的效果如图 1-83 所示。

图 1-82

图 1-83

案例精讲 022　组合对象

在编辑复杂图像时，图像由很多独立的对象组成，用户可以利用对象之间的编组进行统一操作，也可以解开群组进行单个对象的操作。

（1）按 Ctrl+O 组合键，打开素材 \Cha01\ 素材 6.cdr 文件，框选人物、恐龙和阴影部分对象，右击鼠标，在弹出的快捷菜单中选择【组合】命令，此时对象进行组合后会变成一个整体，如图 1-84 所示。

（2）若要取消群组，可右击鼠标，在弹出的快捷菜单中选择【全部取消组合】命令，或者在属性栏中单击【取消组合所有对象】按钮，可将对象快速解组，如图 1-85 所示。

图 1-84   图 1-85

提示:

（1）执行【取消组合对象】命令可以撤销前面进行的群组操作，如果上一步群组操作是组与组之间的，那么，执行后将变成独立的组。

（2）执行【取消组合所有对象】命令，可以将群组对象彻底解组，变为最基本的独立对象。

案例精讲 023　锁定和解锁对象

在文档操作过程中，为了避免操作失误，可以将编辑完毕或不需要编辑的对象锁定，锁定的对象将无法编辑也不会被误删除，继续编辑则需要解锁对象。

（1）按 Ctrl+O 组合键，打开素材 \Cha01\ 素材 6.cdr 文件，选中所有的图形对象，右击鼠标，在弹出的快捷菜单中选择【锁定】命令完成锁定操作，如图 1-86 所示，锁定后的对象锚点变为小锁形状。

（2）若要解锁对象，可在对象上右击鼠标，在弹出的快捷菜单中选择【解锁】命令，如图 1-87 所示，此操作只能对某个对象进行单独解锁。

图 1-86   图 1-87

（3）在菜单栏中选择【对象】|【锁定】|【全部解锁】命令，如图 1-88 所示。

（4）此时可以解锁全部对象，如图 1-89 所示。

图 1-88

图 1-89

案例精讲 024　　**合并与拆分对象**

　　合并对象与组合对象不同，组合对象是将两个或者多个对象编成一个组，内部还是独立的对象，对象属性不变；合并对象是将两个或多个对象合并成一个全新的对象，其对象属性也会随之变化。下面来讲解如何合并与拆分对象，效果如图 1-90 所示。

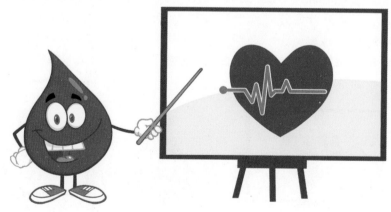

图 1-90

　　（1）按 Ctrl+O 组合键，打开素材 \Cha01\ 素材 7.cdr 文件，观察素材效果，如图 1-91 所示。

　　（2）在工具箱中选择【钢笔工具】 ，绘制如图 1-92 所示的图形。为了便于观察，将填充色设置为红色，轮廓色设置为无。

图 1-91　　　　　　　　　　　　　　　图 1-92

（3）继续使用钢笔工具绘制如图 1-93 所示的图形，将填充色设置为黄色，轮廓色设置为无。

（4）选择绘制的两个图形对象，右击鼠标，在弹出的快捷菜单中选择【合并】命令。选中合并后的对象，按 Shift+F11 组合键，弹出【编辑填充】对话框，将填充色 CMYK 值设置为 21、100、100、0，单击 OK 按钮，设置轮廓色为无，效果如图 1-94 所示。

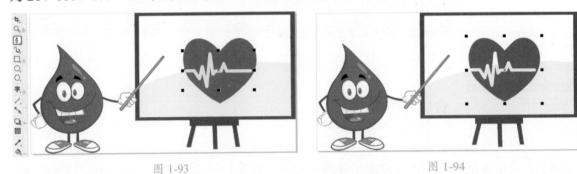

图 1-93　　　　　　　　　　　　　　　图 1-94

（5）使用钢笔工具、椭圆形工具绘制图形，将填充色 CMYK 值设置为 76、31、5、0，设置轮廓色为无。若要拆分合并对象，可选中"心形"对象，在属性栏中单击【拆分】按钮 器，如图 1-95 所示。

（6）拆分后的效果如图 1-96 所示，此时合并的对象被拆分成了单独的对象。

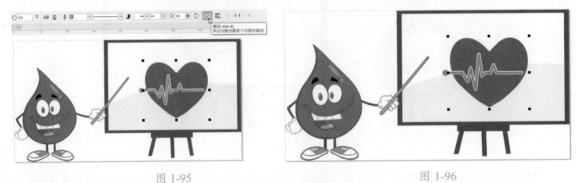

图 1-95　　　　　　　　　　　　　　　图 1-96

案例精讲 025　**利用默认调色板为对象填充颜色**

　　默认调色板停放在程序窗口的最右边，用户也可根据自己的情况将其拖动到程序窗口中的任意位置，以便更快、更直接地单击或右击所需的颜色。为选择的对象填充颜色和轮廓颜色后，在状态栏中会显示其颜色样式，效果如图 1-97 所示。

　　（1）按 Ctrl+O 组合键，打开素材 \Cha01\ 素材 8.cdr 文件，如图 1-98 所示。

　　（2）选中小熊浅绿色部分对象，在默认调色板中单击色块，即可为对象填充颜色，如图 1-99 所示。

图 1-97　　　　　　　　　图 1-98　　　　　　　　　图 1-99

 提示：
在默认调色板的色块上右击，可为图形填充轮廓颜色。

案例精讲 026　**利用【颜色】泊坞窗填充对象**

　　除了可以使用调色板设置对象的填充颜色与轮廓颜色外，还可以利用【颜色】泊坞窗来设置对象的填充颜色与轮廓颜色。下面通过【颜色】泊坞窗来填充对象，效果如图 1-100 所示。

图 1-100

（1）打开素材\Cha01\素材9.cdr文件，在菜单栏中选择【窗口】|【泊坞窗】|【颜色】命令，选择如图1-101所示的图形，在【颜色】泊坞窗中将RGB值设置为178、115、74，单击【填充】按钮。

（2）选择如图1-102所示的图形，在【颜色】泊坞窗中将RGB值设置为169、102、64，单击【填充】按钮。

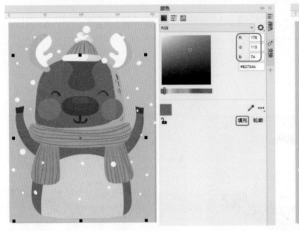

图 1-101   图 1-102

（3）选择如图1-103所示的图形，在【颜色】泊坞窗中将RGB值设置为103、76、47，单击【填充】按钮。

（4）选择如图1-104所示的图形，在【颜色】泊坞窗中将RGB值设置为92、67、45，单击【填充】按钮。

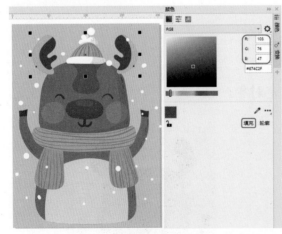
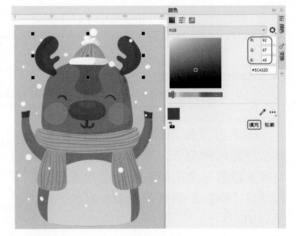

图 1-103   图 1-104

案例精讲 027   **为对象填充渐变**

本案例将讲解如何为对象填充渐变，效果如图1-105所示。

（1）打开素材 \Cha01\ 素材 10.cdr 文件，选择如图 1-106 所示的背景对象。

（2）按 F11 键，在弹出的对话框中将 0% 位置处的 RGB 值设置为 240、58、58，将 60% 位置处的 RGB 值设置为 179、16、16，将 100% 位置处的 RGB 值设置为 171、21、21，单击【椭圆形渐变填充】按钮■，如图 1-107 所示，单击 OK 按钮，即可完成渐变操作。

图 1-105

图 1-106

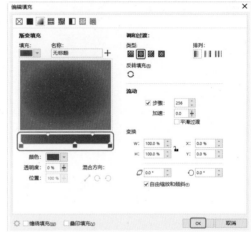

图 1-107

Chapter

02

手绘技法

本章导读：

　　手绘表现是专业设计师必备的一项技能。手绘表达的过程是设计思维由大脑向手的延伸，并最终艺术化地表达出来的过程，这不仅要求设计师具有深厚的专业绘画表现功底，还要求设计师具有丰富的创作灵感。

案例精讲 028　　**卡通类——彩虹伞**

本案例将介绍彩虹伞的绘制，主要使用钢笔工具绘制伞的轮廓，并为其填充相应的颜色，效果如图 2-1 所示。

图 2-1

（1）按 Ctrl+O 组合键，在弹出的对话框中选择素材 \Cha02\ 素材 01.cdr 文件，单击【打开】按钮，在工具箱中选中【钢笔工具】　，在绘图区中绘制如图 2-2 所示的图形。

（2）选中绘制的图形，按 Shift+F11 组合键，在弹出的【编辑填充】对话框中将 CMYK 值设置为 0、90、70、0，如图 2-3 所示。

图 2-2

图 2-3

（3）单击 OK 按钮，在默认调色板上右击☒按钮，将轮廓色设置为无，如图 2-4 所示。

（4）在工具箱中选中【矩形工具】　，在绘图区中绘制一个矩形。选中绘制的矩形，将【宽度】、【高度】分别设置为 7.142mm、397mm，选中【圆角】按钮　，将所有的圆角半径均设置为 4mm，在默认调色板中单击黑色块■，为其填充黑色，然后右击黑色块■，将轮廓色设置为黑色，在绘图区中调整其位置，效果如图 2-5 所示。

图 2-4

图 2-5

（5）在工具箱中选中【矩形工具】□，在绘图区中绘制一个矩形，将【宽度】、【高度】分别设置为2.86 mm、38.5mm，将填充色的CMYK值设置为80、71、57、19，轮廓色设置为无，效果如图2-6所示。

（6）继续在绘图区中绘制一个矩形，将【宽度】、【高度】分别设置为13mm、53mm，单击【圆角】按钮□，将所有的圆角半径均设置为4mm，将填充色的CMYK值设置为94、90、66、54，轮廓色设置为无，效果如图2-7所示。

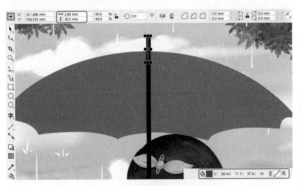

图 2-6

图 2-7

（7）使用同样的方法，在绘图区中绘制两个矩形，并进行相应的设置，效果如图2-8所示。

（8）在工具箱中选择【钢笔工具】⬥，在绘图区中绘制如图2-9所示的图形，将填充色的CMYK值设置为85、52、0、0，轮廓色设置为无。

图 2-8

图 2-9

（9）再次使用【钢笔工具】⬥在绘图区中绘制图形，将填充色的CMYK值设置为64、0、0、0，轮廓色设置为无，如图2-10所示。

（10）继续使用【钢笔工具】⬥在绘图区中绘制图形，将填充色的CMYK值设置为70、0、96、0，轮廓色设置为无，如图2-11所示。

（11）在绘图区中选择新绘制的三个图形，右击鼠标，在弹出的快捷菜单中选择【组合】命令，如图2-12所示。

（12）使用【钢笔工具】⬥在绘图区中绘制图形，将填充色的CMYK值设置为65、98、0、0，轮廓色设置为无，如图2-13所示。

图 2-10

图 2-11

图 2-12

图 2-13

（13）选中绘制的图形，右击鼠标，在弹出的快捷菜单中选择【顺序】|【向后一层】命令，如图 2-14 所示。

（14）使用同样的方法在绘图区中绘制其他图形，对其填充相应的颜色，并调整其排列顺序，效果如图 2-15 所示。

图 2-14

图 2-15

（15）选中绘制的所有图形对象，右击鼠标，在弹出的快捷菜单中选择【组合】命令，如图 2-16 所示。

（16）将【旋转角度】设置为 11.5，在工具箱中选中【橡皮擦工具】 ，在绘图区中对把手进行擦除，效果如图 2-17 所示。

图 2-16

图 2-17

案例精讲 029　天气类——太阳

太阳象征着美好、阳光的生活，每天早起看到太阳会使人心情舒畅，并且太阳在许多风景类插画中特别常见，卡通太阳的形态非常多。本案例将介绍如何绘制太阳，效果如图 2-18 所示。

（1）打开素材 \Cha02\ 素材 02.cdr 文件，在工具箱中选中【椭圆形工具】 ，在绘图区中绘制一个圆形，在【变换】泊坞窗中单击【大小】按钮，将 W、H 均设置为 25mm，单击【应用】按钮，将填充色的 RGB 值设置为 251、221、70，轮廓色设置为无，如图 2-19 所示。

（2）选中绘制的圆形，右击鼠标，在弹出的快捷菜单中选择【转换为曲线】命令，如图 2-20 所示。

图 2-18

图 2-19

图 2-20

（3）在工具箱中选中【形状工具】，在绘图区中对圆形进行修改，效果如图 2-21 所示。

（4）在工具箱中选中【钢笔工具】，在绘图区中绘制如图 2-22 所示的图形，将填充色的 RGB 值设置为 93、49、28，轮廓色设置为无。

图 2-21   图 2-22

（5）使用钢笔工具在绘图区中绘制如图 2-23 所示的三个图形，并将填充色的 RGB 值设置为 93、49、28，轮廓色设置为无。

（6）使用钢笔工具在绘图区中绘制如图 2-24 所示的六个图形，将填充色的 RGB 值设置为 251、154、198，轮廓色设置为无。

图 2-23   图 2-24

（7）使用钢笔工具在绘图区中绘制如图 2-25 所示的六个图形，将填充色的 RGB 值设置为 93、49、28，轮廓色设置为无。

（8）再次使用钢笔工具在绘图区中绘制如图 2-26 所示的多个图形，将填充色的 RGB 值设置为 251、154、70，轮廓色设置为无。

（9）使用钢笔工具在绘图区中绘制如图 2-27 所示的多个图形，将填充色的 RGB 值设置为 93、49、28，轮廓色设置为无。

（10）选中所有的图形对象，右击鼠标，在弹出的快捷菜单中选择【组合】命令，如图 2-28 所示。

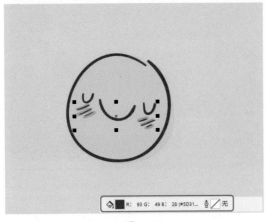

图 2-25

图 2-26

图 2-27

图 2-28

案例精讲 030　动物类——火烈鸟

　　火烈鸟一生只有一个伴侣，它象征着美好和火热的爱情，火烈鸟元素深受大家的欢迎，因此不少手绘中也出现了火烈鸟的身影。本案例将介绍如何绘制火烈鸟，效果如图 2-29 所示。

　　（1）打开素材 \Cha02\ 素材 03.cdr 文件，在工具箱中选中【钢笔工具】 ，在绘图区中绘制火烈鸟轮廓，将填充色的 RGB 值设置为 255、175、175，轮廓色设置为无，效果如图 2-30 所示。

　　（2）使用钢笔工具在绘图区中绘制如图 2-31 所示的图形，将填充色的 RGB 值设置为 255、140、140，轮廓色设置为无。

图 2-29

图 2-30   图 2-31

（3）使用钢笔工具在绘图区中绘制如图 2-32 所示的三个图形，将填充色的 RGB 值设置为 255、117、117，轮廓色设置为无。

（4）在绘图区中选择除火烈鸟轮廓外的图形，右击鼠标，在弹出的快捷菜单中选择【顺序】|【置于此对象前】命令，如图 2-33 所示。

图 2-32   图 2-33

（5）当鼠标指针变为 ◆ 形状时，在背景图像上单击鼠标，调整图形的排列顺序，效果如图 2-34 所示。

（6）使用钢笔工具在绘图区中绘制如图 2-35 所示的图形，将填充色的 RGB 值设置为 255、175、175，轮廓色设置为无。

图 2-34   图 2-35

（7）使用钢笔工具在绘图区中绘制如图 2-36 所示的两个图形，将填充色的 RGB 值设置为 239、77、77，轮廓色设置为无。

（8）在绘图区中选择新绘制的三个图形，右击鼠标，在弹出的快捷菜单中选择【顺序】|【置于此对象前】命令，当鼠标指针变为◆形状时，在背景图像上单击鼠标，调整图形的排列顺序，如图 2-37 所示。

图 2-36

图 2-37

（9）使用钢笔工具在绘图区中绘制如图 2-38 所示的图形，将填充色的 RGB 值设置为 255、117、117，轮廓色设置为无。

（10）使用钢笔工具在绘图区中绘制如图 2-39 所示的图形，将填充色的 RGB 值设置为 255、140、140，轮廓色设置为无。

图 2-38

图 2-39

（11）使用钢笔工具在绘图区中绘制如图 2-40 所示的六个图形，将填充色的 RGB 值设置为 255、140、140，轮廓色设置为无。

（12）使用钢笔工具在绘图区中绘制如图 2-41 所示的图形，将填充色的 RGB 值设置为 255、117、117，轮廓色设置为无。

（13）使用钢笔工具在绘图区中绘制如图 2-42 所示的图形，将填充色的 RGB 值设置为 255、117、117，轮廓色设置为无。

（14）使用钢笔工具在绘图区中绘制如图 2-43 所示的图形，将填充色的 RGB 值设置为 45、45、45，轮廓色设置为无。

图 2-40

图 2-41

图 2-42

图 2-43

（15）在工具箱中选中【椭圆形工具】○，在绘图区中按住 Ctrl 键绘制一个正圆，在【变换】泊坞窗中选中【大小】按钮，将 W、H 均设置为 2mm，单击【应用】按钮，将填充色的 RGB 值设置为 45、45、45，轮廓色设置为无，如图 2-44 所示。

（16）再次使用椭圆形工具在绘图区中绘制一个正圆，并为其填充白色，取消轮廓色，然后在工具箱中选中【钢笔工具】 ，在绘图区中绘制如图 2-45 所示的图形，将填充色的 RGB 值设置为 255、140、140，轮廓色设置为无。

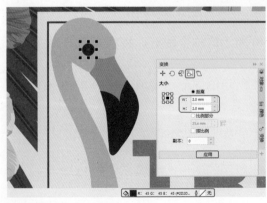

图 2-44

图 2-45

案例精讲 031 **图形类——木板**

本案例将介绍如何绘制木板，主要使用钢笔工具绘制草丛与木板纹理，并为其填充相应的颜色与轮廓，效果如图 2-46 所示。

（1）打开素材 \Cha02\ 素材 04.cdr 文件，在工具箱中选中钢笔工具，在绘图区中绘制一个图形，如图 2-47 所示。

（2）选中该图形，按 Shift+F11 组合键，在弹出的【编辑填充】对话框中将 CMYK 值设置为 72、2、96、0，如图 2-48 所示。

图 2-46

图 2-47

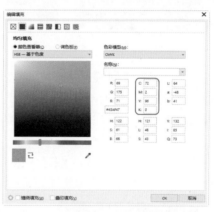

图 2-48

（3）设置完成后，单击 OK 按钮。继续选中该图形，按 F12 键，在弹出的【轮廓笔】对话框中将【颜色】的 CMYK 值设置为 95、55、93、31，【宽度】设置为 1.5 毫米，选中【填充之后】复选框，如图 2-49 所示。

（4）设置完成后，单击 OK 按钮，然后在工具箱中选中钢笔工具，在画板中绘制如图 2-50 所示的图形，将填充色的 CMYK 值设置为 0、0、0、100，轮廓色设置为无。

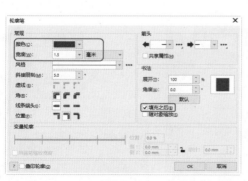

图 2-49

图 2-50

（5）使用钢笔工具在绘图区中绘制如图 2-51 所示的两个图形，将填充色的 CMYK 值设置为 25、72、86、0，轮廓色设置为无。

（6）使用钢笔工具在绘图区中绘制如图 2-52 所示的两个图形，将填充色的 CMYK 值设置为 2、25、53、0，轮廓色设置为无。

（7）使用钢笔工具在绘图区中绘制如图 2-53 所示的三个图形，将填充色的 CMYK 值设置为 0、0、0、100，轮廓色设置为无。

图 2-51　　　　　　　　　　　图 2-52　　　　　　　　　　　图 2-53

（8）使用钢笔工具在绘图区中绘制如图 2-54 所示的图形，将填充色的 CMYK 值设置为 95、55、93、31，轮廓色设置为无。

（9）使用钢笔工具在绘图区中绘制如图 2-55 所示的图形，将填充色的 CMYK 值设置为 6、18、42、0，轮廓色设置为无。

（10）使用钢笔工具在绘图区中绘制如图 2-56 所示的多个图形，将填充色的 CMYK 值设置为 24、45、77、0，轮廓色设置为无。

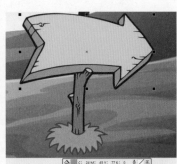

图 2-54　　　　　　　　　　　图 2-55　　　　　　　　　　　图 2-56

（11）使用钢笔工具在绘图区中绘制如图 2-57 所示的图形，将填充色的 CMYK 值设置为 25、72、86、0，轮廓色设置为无。

（12）使用同样的方法在绘图区中绘制其他图形，并进行相应的设置，效果如图 2-58 所示。

图 2-57　　　　　　　　　　　图 2-58

案例精讲 032 **动物类——绵羊**

绵羊给人的感觉非常美好，它有着胖乎乎的身体，让人忍不住想去抚摸一下它的绒毛。本案例将介绍如何绘制绵羊，效果如图 2-59 所示。

（1）打开素材 \Cha02\ 素材 05.cdr 文件，在工具箱中选中钢笔工具，在绘图区中绘制如图 2-60 所示的图形，将填充色的 CMYK 值设置为 75、67、67、90，轮廓色设置为无。

（2）使用钢笔工具在绘图区中绘制绵羊面部轮廓，将填充色的 CMYK 值设置为 0、25、31、0，轮廓色设置为无，如图 2-61 所示。

图 2-59

图 2-60

图 2-61

（3）使用钢笔工具在绘图区中绘制绵羊的身体部分，将填充色的 CMYK 值设置为 13、0、3、0，轮廓色设置为无，如图 2-62 所示。

（4）使用钢笔工具在绘图区中绘制如图 2-63 所示的多个图形，将填充色的 CMYK 值设置为 26、9、14、0，轮廓色设置为无。

图 2-62

图 2-63

（5）使用钢笔工具在绘图区中绘制绵羊的眉毛与眼睛，将填充色的 CMYK 值设置为

75、67、67、90，轮廓色设置为无，如图 2-64 所示。

（6）在工具箱中选中椭圆形工具，在绘图区中绘制两个椭圆形，并旋转椭圆的角度，将填充色的 CMYK 值设置为 0、43、20、0，轮廓色设置为无，如图 2-65 所示。

图 2-64

图 2-65

（7）在工具箱中选中钢笔工具，在绘图区中绘制如图 2-66 所示的图形，将填充色的 CMYK 值设置为 75、67、67、90，轮廓色设置为无。

（8）使用钢笔工具在绘图区中绘制如图 2-67 所示的图形，将填充色的 CMYK 值设置为 0、43、20、0，轮廓色设置为无。

图 2-66

图 2-67

（9）使用钢笔工具在绘图区中绘制如图 2-68 所示的图形，将填充色的 CMYK 值设置为 75、67、67、90，轮廓色设置为无。

（10）使用钢笔工具在绘图区中绘制如图 2-69 所示的三个图形，将填充色的 CMYK 值设置为 11、38、42、0，轮廓色设置为无。

（11）使用钢笔工具在绘图区中绘制如图 2-70 所示的两个图形，将填充色的 CMYK 值设置为 0、25、31、0，轮廓色设置为无。

（12）使用钢笔工具在绘图区中绘制如图 2-71 所示的两个图形，将填充色的 CMYK 值设置为 11、38、42、0，轮廓色设置为无。

图 2-68　　　　　　　　　　　　　　　　　图 2-69

图 2-70　　　　　　　　　　　　　　　　　图 2-71

（13）使用钢笔工具在绘图区中绘制如图 2-72 所示的图形，将填充色的 CMYK 值设置为 11、71、7、0，轮廓色设置为无。

（14）使用钢笔工具在绘图区中绘制如图 2-73 所示的图形，将填充色的 CMYK 值设置为 0、62、0、0，轮廓色设置为无。

图 2-72　　　　　　　　　　　　　　　　　图 2-73

（15）使用钢笔工具在绘图区中绘制如图 2-74 所示的三个图形，将填充色的 CMYK 值设置为 0、25、31、0，轮廓色设置为无。

（16）使用钢笔工具在绘图区中绘制如图 2-75 所示的五个图形，将填充色的 CMYK 值设置为 11、38、42、0，轮廓色设置为无。

图 2-74   图 2-75

（17）使用钢笔工具在绘图区中绘制如图 2-76 所示的图形，将填充色的 CMYK 值设置为 44、22、30、0，轮廓色设置为无。

（18）绘制完成后，选中绘制的绵羊对象，按 Ctrl+G 组合键将选中的对象进行组合。在工具箱中选中椭圆形工具，在绘图区中绘制一个椭圆形，在【变换】泊坞窗中选中【大小】按钮，将 W、H 分别设置为 97mm、29mm，单击【应用】按钮，将填充色的 CMYK 值设置为 60、16、100、0，轮廓色设置为无，如图 2-77 所示。

图 2-76   图 2-77

（19）选中绘制的椭圆形，右击鼠标，在弹出的快捷菜单中选择【顺序】|【置于此对象前】命令，如图 2-78 所示。

（20）当鼠标指针变为 ▶ 形状时，在背景图像上单击鼠标，调整图形的排列顺序，如图 2-79 所示。

图 2-78

图 2-79

案例精讲 033　自然类——蜂窝

　　本案例将介绍如何绘制蜂窝效果，主要通过使用钢笔工具绘制树枝、叶子以及蜂窝，并将绘制的图形进行组合，然后调整其排列顺序，效果如图 2-80 所示。

　　（1）打开素材 \Cha02\ 素材 06.cdr 文件，在工具箱中选中钢笔工具，在绘图区中绘制如图 2-81 所示的图形，将填充色的 RGB 值设置为 0、0、0，轮廓色设置为无。

　　（2）使用钢笔工具在绘图区中绘制树枝，将填充色的 RGB 值设置为 144、87、47，轮廓色设置为无，如图 2-82 所示。

图 2-80

图 2-81

图 2-82

　　（3）使用钢笔工具在绘图区中绘制树叶，将填充色的 RGB 值设置为 126、175、33，轮廓色设置为无，如图 2-83 所示。

（4）使用钢笔工具在绘图区中绘制树叶高光，将填充色的 RGB 值设置为 158、216、61，轮廓色设置为无，如图 2-84 所示。

图 2-83   图 2-84

（5）使用同样的方法在绘图区中绘制其他树叶，并进行相应的设置，效果如图 2-85 所示。

（6）使用钢笔工具在绘图区中绘制如图 2-86 所示的多个图形，将填充色的 RGB 值设置为 191、114、28，轮廓色设置为无。

图 2-85   图 2-86

（7）使用钢笔工具在绘图区中绘制如图 2-87 所示的多个图形，将填充色的 RGB 值设置为 219、137、38，轮廓色设置为无。

（8）使用钢笔工具在绘图区中绘制如图 2-88 所示的图形，将填充色的 RGB 值设置为 239、170、93，轮廓色设置为无。

（9）使用钢笔工具在绘图区中绘制如图 2-89 所示的图形，将填充色的 RGB 值设置为 75、42、10，轮廓色设置为无。

（10）使用钢笔工具在绘图区中绘制如图 2-90 所示的图形，将填充色的 RGB 值设置为 109、63、17，轮廓色设置为无。

（11）使用钢笔工具在绘图区中绘制如图 2-91 所示的图形，将填充色的 RGB 值设置为 75、42、10，轮廓色设置为无。

至此，蜂窝就制作完成了。

图 2-87　　　　　　　　　　图 2-88

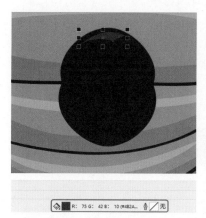 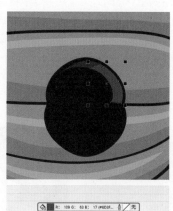 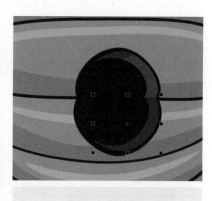

图 2-89　　　　　　　图 2-90　　　　　　　图 2-91

案例精讲 034　动物类——公鸡

公鸡形体健美，行动敏捷，有着大而红的鸡冠，其羽毛色彩鲜艳。本案例将介绍如何绘制公鸡，效果如图 2-92 所示。

（1）打开素材 \Cha02\ 素材 07.cdr 文件，在工具箱中选中钢笔工具，在绘图区中绘制如图 2-93 所示的图形，将填充色的 CMYK 值设置为 2、3、8、0，将轮廓色的 CMYK 值设置为 43、77、78、62，在属性栏中将轮廓宽度设置为 0.2mm。

图 2-92

（2）使用钢笔工具在绘图区中绘制如图 2-94 所示的两个图形，将填充色的 CMYK 值设置为 6、6、22、0，轮廓色设置为无。

图 2-93   图 2-94

（3）在绘图区中选择新绘制的两个图形，在工具箱中选中【透明度工具】，在属性栏中单击【均匀透明度】按钮，将【合并模式】设置为【乘】，如图 2-95 所示。

（4）使用钢笔工具在绘图区中绘制如图 2-96 所示的图形，将填充色的 CMYK 值设置为 2、3、8、0，将轮廓色的 CMYK 值设置为 43、77、78、62，在属性栏中将轮廓宽度设置为 0.2mm。

图 2-95   图 2-96

（5）使用钢笔工具在绘图区中绘制如图 2-97 所示的图形，将填充色的 CMYK 值设置为 2、3、13、0，轮廓色设置为无。在工具箱中选中【透明度工具】，在属性栏中单击【均匀透明度】按钮，将【合并模式】设置为【乘】。

（6）使用钢笔工具在绘图区中绘制如图 2-98 所示的图形，将填充色的 CMYK 值设置为 14、100、95、4，将轮廓色的 CMYK 值设置为 43、77、78、62，在属性栏中将轮廓宽度设置为 0.2mm。

（7）使用钢笔工具在绘图区中绘制如图 2-99 所示的图形，将填充色的 CMYK 值设置为 38、100、100、6，轮廓色设置为无。

（8）使用钢笔工具在绘图区中绘制如图 2-100 所示的图形，将填充色的 CMYK 值设置为 32、100、100、2，将轮廓色的 CMYK 值设置为 43、77、78、62，在属性栏中将轮廓宽度设置为 0.2mm。

图 2-97

图 2-98

图 2-99

图 2-100

（9）使用钢笔工具在绘图区中绘制如图 2-101 所示的图形，将填充色的 CMYK 值设置为 10、96、85、2，轮廓色设置为无。

（10）在绘图区中选中所有的红色图形对象，右击鼠标，在弹出的快捷菜单中选择【顺序】|【置于此对象前】命令，如图 2-102 所示。

图 2-101

图 2-102

（11）当鼠标指针变为◆形状时，在背景图像上单击鼠标，调整图形的排列顺序，如图 2-103 所示。

（12）在工具箱中选中椭圆形工具，在绘图区中绘制两个椭圆形，将填充色的 CMYK 值设置为 4、2、49、0，将轮廓色的 CMYK 值设置为 43、77、78、62，在属性栏中将轮廓宽度设置为 0.2mm，如图 2-104 所示。

图 2-103   图 2-104

（13）使用同样的方法在绘图区中绘制多个椭圆形，并进行相应的设置，效果如图 2-105 所示。

（14）使用钢笔工具在绘图区中绘制如图 2-106 所示的图形，将填充色的 CMYK 值设置为 0、35、99、0，将轮廓色的 CMYK 值设置为 43、77、78、62，在属性栏中将轮廓宽度设置为 0.2mm。

图 2-105   图 2-106

（15）使用钢笔工具在绘图区中绘制如图 2-107 所示的图形，将填充色的 CMYK 值设置为 0、53、91、0，轮廓色设置为无。

（16）使用钢笔工具在绘图区中绘制如图 2-108 所示的两个图形，将填充色的 CMYK 值设置为 14、100、95、4，将轮廓色的 CMYK 值设置为 43、77、78、62，在属性栏中将轮廓宽度设置为 0.2mm。

（17）使用钢笔工具在绘图区中绘制如图 2-109 所示的图形，将填充色的 CMYK 值设置为 38、100、100、6，轮廓色设置为无。

（18）在绘图区中选中绘制的四个红色图形，按两次 Ctrl+PgDn 组合键，调整选中对象的排列顺序，效果如图 2-110 所示。

图 2-107

图 2-108

图 2-109

图 2-110

（19）使用钢笔工具在绘图区中绘制如图 2-111 所示的两个图形，将填充色的 CMYK 值设置为 13、45、100、0，将轮廓色的 CMYK 值设置为 43、77、78、62，在属性栏中将轮廓宽度设置为 0.2mm。

（20）使用钢笔工具在绘图区中绘制如图 2-112 所示的图形，将填充色的 CMYK 值设置为 24、70、100、1，轮廓色设置为无，并在绘图区中调整绘制图形的排列顺序。

图 2-111

图 2-112

案例精讲 035 　　**装饰类——铃铛**

　　铃铛可以通过摇晃而发声，多数为球形、扁圆形或钟形，铃铛里面会放置金属丸或小石子，摇晃时撞击发出声音，铃铛的式样大小不一。本案例将介绍如何绘制铃铛，效果如图 2-113 所示。

　　（1）按 Ctrl+O 组合键，在弹出的对话框中选择素材 \Cha02\ 素材 08.cdr 文件，单击【打开】按钮，打开的素材文件如图 2-114 所示。

　　（2）在工具箱中选中【贝塞尔工具】，在绘图区中绘制如图 2-115 所示的图形。

图 2-113　　　　　　　　　　　图 2-114　　　　　　　　　　　　图 2-115

　　（3）在工具箱中选中【选择工具】，在绘图区中选中绘制的图形，按 F11 键，弹出【编辑填充】对话框。选中【线性渐变填充】按钮，将左侧节点的 CMYK 值设置为 36、95、100、4；在 32% 位置处添加一个节点，将其 CMYK 值设置为 23、56、100、0；在 56% 位置处添加一个节点，将其 CMYK 值设置为 0、5、41、0；将右侧节点的 CMYK 值设置为 44、93、100、15。在【变换】选项组中将【旋转】设置为 -27°，如图 2-116 所示。

　　（4）单击 OK 按钮，即可为绘制的图形填充设置的颜色，在默认调色板上右击⊠色块，取消轮廓色，然后在工具箱中选中【贝塞尔工具】，在绘图区中绘制图形，如图 2-117 所示。

图 2-116　　　　　　　　　　　　　　　　　图 2-117

（5）选中绘制的图形，按 F11 键，弹出【编辑填充】对话框，将左侧节点的 CMYK 值设置为 36、95、100、4；在 34% 位置处添加一个节点，将其 CMYK 值设置为 23、56、100、0；在 47% 位置处添加一个节点，将其 CMYK 值设置为 0、5、32、0；在 56% 位置处添加一个节点，将其 CMYK 值设置为 0、5、41、0；在 78% 位置处添加一个节点，将其 CMYK 值设置为 44、93、100、15；将右侧节点的 CMYK 值设置为 44、93、100、15。在【变换】选项组中将【旋转】设置为 –27°，取消选中【自由缩放和倾斜】复选框，并选中【缠绕填充】复选框，如图 2-118 所示。

（6）单击 OK 按钮，即可为绘制的图形填充设置的颜色，将轮廓色设置为无，然后按小键盘上的"+"键复制图形，然后使用【形状工具】调整复制后的图形，效果如图 2-119 所示。

图 2-118

图 2-119

（7）在工具箱中选中【贝塞尔工具】，在绘图区中绘制图形，将填充色的 CMYK 值设置为 11、25、53、0，轮廓色设置为无。选中绘制的图形，在工具箱中选中【透明度工具】，在属性栏中单击【均匀透明度】按钮，将【透明度】设置为 50，添加透明度后的效果如图 2-120 所示。

（8）在工具箱中选中【贝塞尔工具】，在绘图区中绘制如图 2-121 所示的图形。

图 2-120

图 2-121

（9）选择绘制的图形，按 F11 键，弹出【编辑填充】对话框，将左侧节点的 CMYK 值设置为 15、46、100、0；在 41% 位置处添加一个节点，将其 CMYK 值设置为 0、5、36、0；在 53% 位置处添加一个节点，将其 CMYK 值设置为 9、0、16、0；在 66% 位置处添加一个节点，将其 CMYK 值设置为 0、5、41、0；将右侧节点的 CMYK 值设置为 31、64、100、0。在【变换】选项组中将【旋转】设置为 -27°，取消选中【自由缩放和倾斜】复选框，并选中【缠绕填充】复选框，如图 2-122 所示。

（10）单击 OK 按钮，即可为绘制的图形填充设置的颜色，然后将轮廓色设置为无。在工具箱中选中【贝塞尔工具】，在绘图区中绘制图形，如图 2-123 所示。

图 2-122

图 2-123

（11）选择绘制的图形，按 F11 键，弹出【编辑填充】对话框，将左侧节点的 CMYK 值设置为 23、56、100、0；在 32% 位置处添加一个节点，将其 CMYK 值设置为 23、56、100、0；在 56% 位置处添加一个节点，将其 CMYK 值设置为 0、5、41、0；将右侧节点的 CMYK 值设置为 44、93、100、15。在【变换】选项组中将【旋转】设置为 -27°，取消选中【自由缩放和倾斜】复选框，并选中【缠绕填充】复选框，如图 2-124 所示。

（12）设置完成后，单击 OK 按钮，在默认调色板上右击⊠色块，使用贝塞尔工具在绘图区中绘制如图 2-125 所示的图形。

图 2-124

图 2-125

（13）选择绘制的图形，按 F11 键，弹出【编辑填充】对话框，将左侧节点的 CMYK 值设置为 36、95、100、4；在 17% 位置处添加一个节点，将其 CMYK 值设置为 29、76、100、0；在 34% 位置处添加一个节点，将其 CMYK 值设置为 23、56、100、0；将右侧节点的 CMYK 值设置为 44、93、100、15。在【变换】选项组中将【旋转】设置为 -27°，取消选中【自由缩放和倾斜】复选框，并选中【缠绕填充】复选框，如图 2-126 所示。

（14）单击 OK 按钮，在默认调色板上右击⊠色块，使用贝塞尔工具在绘图区中绘制如图 2-127 所示的图形。

图 2-126

图 2-127

（15）选择绘制的图形，按 F11 键，弹出【编辑填充】对话框，在【调和过渡】选项组中选中【椭圆形渐变填充】按钮⊞，然后将左侧节点的 CMYK 值设置为 31、64、100、0；在 32% 位置处添加一个节点，将其 CMYK 值设置为 31、64、100、0；在 89% 位置处添加一个节点，将其 CMYK 值设置为 0、5、36、0；将右侧节点的 CMYK 值设置为 0、5、36、0。在【变换】选项组中将 W 设置为 181%，H 设置为 163%，X 设置为 -1%，Y 设置为 -25%，【旋转】设置为 153°，并选中【自由缩放和倾斜】复选框和【缠绕填充】复选框，如图 2-128 所示。

（16）单击 OK 按钮，在默认调色板上右击⊠色块，选中所有绘制的图形，按 Ctrl+G 组合键，将选中的图形对象进行组合，并在绘图区中调整其位置，如图 2-129 所示。

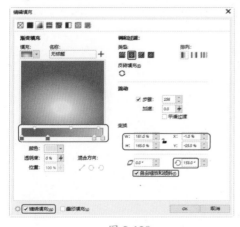

图 2-128

图 2-129

（17）选中组合后的对象，按小键盘上的"+"键，对其进行复制，在属性栏中单击【水平镜像】按钮，将旋转角度设置为167，并在绘图区中调整其位置，效果如图 2-130 所示。

（18）按 Ctrl+I 组合键，在弹出的对话框中选择素材 \Cha02\ 素材 09.cdr 文件，单击【导入】按钮，在绘图区中单击鼠标，将选中的素材文件导入至文档中，并调整其位置，效果如图 2-131 所示。

图 2-130

图 2-131

Chapter

03

插画设计

本章导读:

　　插画又称插图，是一种艺术形式，作为现代设计的一种重要的视觉表达形式，以其直观的形象性、真实的生活感和美的感染力，在艺术领域中占有特定的地位，已广泛应用于文化活动、社会公共事业、商业活动、影视文化等方面。本章将介绍插画设计的知识。

案例精讲 036　**风景类——海滩风光**

本案例将介绍海滩风光插画的绘制，通过钢笔工具绘制椰子树、球以及小鸭子元素，效果如图 3-1 所示。

（1）按 Ctrl+O 组合键，打开素材 \Cha03\ 海滩风光素材 .cdr 文件，在工具箱中选中【钢笔工具】，在绘图区中绘制椰子树的树干部分，如图 3-2 所示。

（2）按 Shift+F11 组合键，弹出【编辑填充】对话框，将 CMYK 值设置为 52、56、100、5，单击 OK 按钮，如图 3-3 所示。

图 3-1

图 3-2

图 3-3

（3）在默认调色板上右击▢按钮，将树干的轮廓色设置为无，如图 3-4 所示。

（4）使用钢笔工具绘制如图 3-5 所示的图形，将填充色的 CMYK 值设置为 37、40、100、0，轮廓色设置为无。

图 3-4

图 3-5

（5）使用钢笔工具绘制如图 3-6 所示的图形，将填充色的 CMYK 值设置为 54、60、100、10，轮廓色设置为无。

（6）使用钢笔工具绘制如图 3-7 所示的图形，将填充色的 CMYK 值设置为 60、67、100、27，轮廓色设置为无。

（7）使用钢笔工具绘制如图 3-8 所示的图形，将填充色的 CMYK 值设置为 61、65、100、24，轮廓色设置为无。

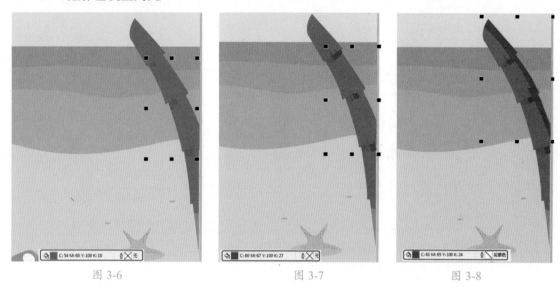

图 3-6   图 3-7   图 3-8

（8）使用钢笔工具绘制如图 3-9 所示的图形，将填充色的 CMYK 值设置为 37、40、100、0，轮廓色设置为无。

（9）使用钢笔工具绘制如图 3-10 所示的图形，在默认调色板中单击☐色块，设置填充色为黄色，右击⊘色块，取消轮廓色。

（10）选择前两步绘制的图形，在属性栏中单击【合并】按钮🖇，如图 3-11 所示。

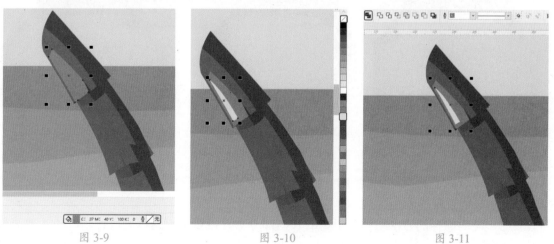

图 3-9   图 3-10   图 3-11

（11）使用同样的方法绘制椰子树的其他纹理，效果如图 3-12 所示。

（12）使用钢笔工具绘制如图 3-13 所示的图形，将填充色的 CMYK 值设置为 26、28、95、0，轮廓色设置为无。

（13）使用钢笔工具绘制如图 3-14 所示的图形，将填充色的 CMYK 值设置为 84、37、71、1，轮廓色设置为无。

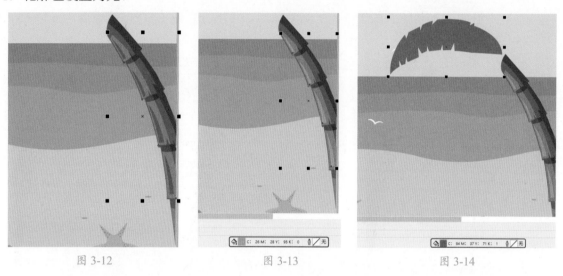

图 3-12   图 3-13   图 3-14

（14）使用钢笔工具绘制如图 3-15 所示的图形，将填充色的 CMYK 值设置为 77、14、61、0，轮廓色设置为无。

（15）使用钢笔工具绘制如图 3-16 所示的图形，将填充色的 CMYK 值设置为 87、44、78、5，轮廓色设置为无。

（16）使用钢笔工具绘制如图 3-17 所示的图形，将填充色的 CMYK 值设置为 89、51、84、15，轮廓色设置为无。

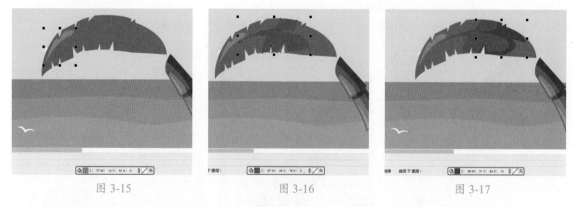

图 3-15   图 3-16   图 3-17

（17）使用钢笔工具绘制如图 3-18 所示的图形，将填充色的 CMYK 值设置为 91、58、90、33，轮廓色设置为无。

（18）使用同样的方法绘制椰子树的其他部分，并设置相应的填充色和轮廓色，效果如图 3-19 所示。

（19）在工具箱中选中【椭圆形工具】〇，绘制大小为 25mm、3mm 的椭圆，将填充色的 CMYK 值设置为 16、25、64、0，轮廓色设置为无，如图 3-20 所示。

（20）继续使用椭圆形工具，绘制半径为 23mm 的圆，将填充色的 CMYK 值设置为 0、0、0、0，轮廓色设置为无，如图 3-21 所示。

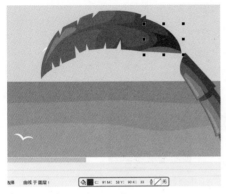

图 3-18

图 3-19

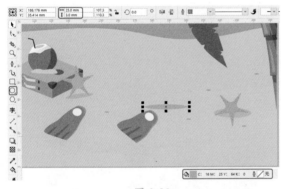

图 3-20

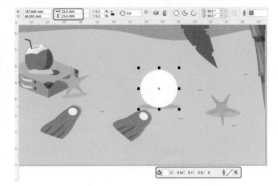

图 3-21

（21）使用钢笔工具绘制如图 3-22 所示的图形，将填充色的 CMYK 值设置为 77、39、7、0，轮廓色设置为无。

（22）使用钢笔工具绘制如图 3-23 所示的图形，将填充色的 CMYK 值设置为 78、16、61、0，轮廓色设置为无。

（23）使用钢笔工具绘制如图 3-24 所示的图形，将填充色的 CMYK 值设置为 7、79、48、0，轮廓色设置为无。

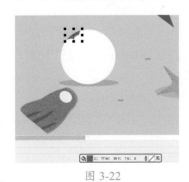

图 3-22

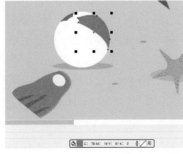

图 3-23

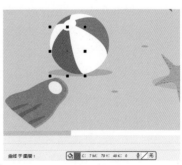

图 3-24

（24）在工具箱中选中【钢笔工具】按钮 🖊，在绘图区中绘制一个如图 3-25 所示的不规则的圆形。

（25）选中绘制的圆形，按 Shift+F11 组合键，在弹出的【编辑填充】对话框中将 CMYK 值设置为 4、15、78、0，选中【缠绕填充】复选框，如图 3-26 所示。

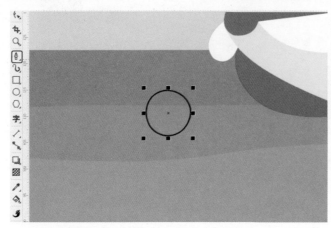

图 3-25

图 3-26

（26）单击 OK 按钮。按 F12 键，在弹出的【轮廓笔】对话框中将 CMYK 值设置为 59、77、92、38，【宽度】设置为 0.25mm，如图 3-27 所示。

（27）单击 OK 按钮，设置后的效果如图 3-28 所示。

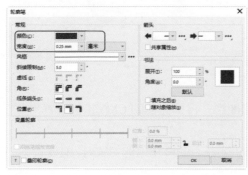

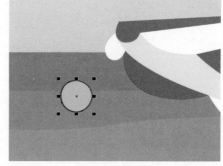

图 3-27

图 3-28

（28）在工具箱中选中椭圆形工具，在绘图区中绘制一个大小为 0.6mm 的圆形。选中该圆形，按 Shift+F11 组合键，在弹出的对话框中将 CMYK 值设置为 59、76、100、39，设置完成后，单击 OK 按钮。在默认调色板中右击 ☒ 按钮，取消轮廓色，如图 3-29 所示。

（29）选中该图形，按"+"键，对选中的图形进行复制，然后在绘图区中调整复制后的对象的位置，效果如图 3-30 所示。

（30）在工具箱中选中钢笔工具，在绘图区中绘制一个如图 3-31 所示的图形。

（31）选中绘制的图形，按 Shift+F11 组合键，在弹出的对话框中将 CMYK 值设置为 0、83、89、0，选中【缠绕填充】复选框，如图 3-32 所示。

（32）设置完成后，单击 OK 按钮。按 F12 键，在弹出的【轮廓笔】对话框中将【颜色】的 CMYK 值设置为 55、72、98、23，【宽度】设置为 0.25mm，如图 3-33 所示。

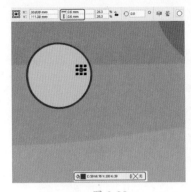

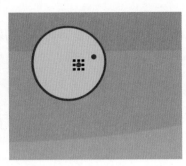

图 3-29　　　　　　　　　　　图 3-30　　　　　　　　　　　图 3-31

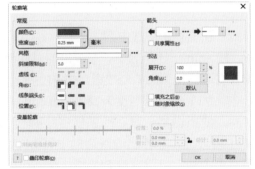

图 3-32　　　　　　　　　　　　　　　　　　图 3-33

（33）设置完成后，单击 OK 按钮，效果如图 3-34 所示。

（34）在工具箱中选中钢笔工具，在绘图区中绘制一个如图 3-35 所示的图形。选中绘制的图形，按 Shift+F11 组合键，在弹出的对话框中将 CMYK 值设置为 4、16、80、0，选中【缠绕填充】复选框，设置完成后，单击 OK 按钮。按 F12 键，在弹出的对话框中将 CMYK 值设置为 59、77、92、38，【宽度】设置为 0.25mm，单击 OK 按钮，如图 3-35 所示。

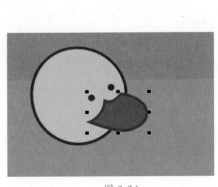

图 3-34　　　　　　　　　　　图 3-35

（35）继续选中该图形，右击鼠标，在弹出的快捷菜单中选择【顺序】|【置于此对象后】命令，如图 3-36 所示。

（36）在黄色圆形上单击鼠标，将选中对象置于该对象的后面，效果如图 3-37 所示。

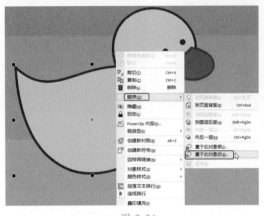

图 3-36　　　　　　　　　　　　　　　　图 3-37

（37）在工具箱中选中钢笔工具，在绘图区中绘制一个如图 3-38 所示的图形。选中绘制的图形，按 Shift+F11 组合键，在弹出的对话框中将 CMYK 值设置为 0、51、93、0，选中【缠绕填充】复选框，单击 OK 按钮。按 F12 键，在弹出的对话框中将【颜色】的 CMYK 值设置为 59、77、92、38，【宽度】设置为 0.2mm，单击 OK 按钮，效果如图 3-38 所示。

（38）使用钢笔工具在绘图区中绘制一个如图 3-39 所示的图形，选中绘制的图形，按 Shift+F11 组合键，在弹出的对话框中将 CMYK 值设置为 0、51、91、0，选中【缠绕填充】复选框，单击 OK 按钮。按 F12 键，在弹出的对话框中将【颜色】的 CMYK 值设置为 60、76、95、38，【宽度】设置为 0.2mm，单击 OK 按钮。

图 3-38　　　　　　　　　　　　　　　　图 3-39

（39）使用钢笔工具在绘图区中绘制如图 3-40 所示的图形，并为其设置填充色和轮廓色。

（40）在工具箱中选中椭圆形工具，在绘图区中按住 Ctrl 键绘制多个正圆，为其填充白色，并取消轮廓，效果如图 3-41 所示。

图 3-40

图 3-41

（41）在工具箱中选中钢笔工具，在绘图区中绘制如图 3-42 所示的图形。选中该图形，按 Shift+F11 组合键，在弹出的对话框中将 CMYK 值设置为 11、27、97、0，选中【缠绕填充】复选框，单击 OK 按钮。按 F12 键，在弹出的对话框中将【颜色】的 CMYK 值设置为 59、77、92、38，【宽度】设置为 0.25mm，单击 OK 按钮，效果如图 3-42 所示。

（42）使用钢笔工具在绘图区中绘制如图 3-43 所示的图形，将其填充色的 CMYK 值设置为 0、3、3、0，并取消轮廓色。

图 3-42

图 3-43

（43）在该图形对象上右击鼠标，在弹出的快捷菜单中选择【顺序】|【置于此对象前】命令，如图 3-44 所示。

（44）执行该操作后，在素材背景上单击鼠标，即可将选中对象置于素材背景的前面，效果如图 3-45 所示。

图 3-44

图 3-45

（45）使用同样的方法绘制其他图形，并对其进行相应的设置，效果如图 3-46 所示。

图 3-46

案例精讲 037　　**卡通类——兔子**

绘制插画多少带有个人主观意识，它具有自由表现的个性，无论是幻想的、夸张的、幽默的、情绪的还是象征化的情绪，都能得到自由表现。作为一个插画师必须领略广告创意的主题，对事物有较深刻的理解，才能创作出优秀的插画作品。本案例将介绍如何绘制卡通兔，效果如图 3-47 所示。

（1）打开素材 \Cha03\ 卡通兔素材 .cdr 文件，使用钢笔工具绘制兔子轮廓，如图 3-48 所示。

图 3-47

（2）选择绘制的兔子轮廓，在默认调色板中单击□按钮，设置填充色为白色，在▨按钮上右击鼠标，将轮廓色设置为 20% 黑，如图 3-49 所示。

（3）使用钢笔工具绘制图形对象，按 Shift+F11 组合键，弹出【编辑填充】对话框，将 RGB 值设置为 31、139、206，单击 OK 按钮，将轮廓色设置为无，如图 3-50 所示。

（4）使用钢笔工具绘制如图 3-51 所示的图形，将填充色的 RGB 值设置为 17、110、165，轮廓色设置为无。

图 3-48

图 3-49

图 3-50

图 3-51

（5）使用钢笔工具绘制如图 3-52 所示的线段，将填充色和轮廓色的 RGB 值均设置为 61、125、186，【轮廓宽度】设置为 0.2mm。

（6）使用钢笔工具绘制如图 3-53 所示的图形，将填充色的 RGB 值设置为 101、143、186，轮廓色设置为无。

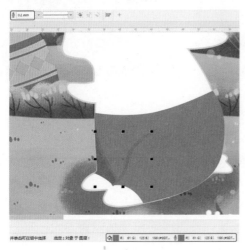

图 3-52

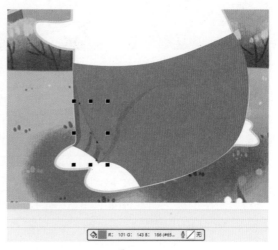

图 3-53

（7）使用钢笔工具绘制其他图形，将填充色的 RGB 值设置为 149、181、230，轮廓色设置为无，如图 3-54 所示。

（8）选择如图 3-55 所示的图形，单击鼠标右键，在弹出的快捷菜单中选择【顺序】|【到页面前面】命令。

图 3-54

图 3-55

（9）使用钢笔工具绘制阴影部分，将填充色的 RGB 值设置为 207、205、206，轮廓色设置为无，如图 3-56 所示。

（10）使用钢笔工具绘制背带部分，将填充色的 RGB 值设置为 122、190、232，轮廓色设置为无，如图 3-57 所示。

（11）使用钢笔工具绘制嘴巴和眼睛部分，将填充色设置为黑色，如图 3-58 所示。

图 3-56

图 3-57

图 3-58

（12）使用椭圆工具绘制三个椭圆，选择绘制的椭圆对象，按 Shift+F11 组合键，弹出【编辑填充】对话框，将 CMYK 值设置为 0、20、10、0，单击 OK 按钮，如图 3-59 所示。

（13）按 F12 键，弹出【轮廓笔】对话框，将【颜色】的 RGB 值设置为 236、154、151，【宽度】设置为 0.2mm，单击 OK 按钮，如图 3-60 所示。

（14）使用钢笔工具绘制如图 3-61 所示的图形，按 Shift+F11 组合键，弹出【编辑填充】对话框，将 RGB 值设置为 252、188、6，单击 OK 按钮，将图形的轮廓色设置为无，如图 3-61 所示。

（15）在图形上单击鼠标右键，在弹出的快捷菜单中选择【顺序】|【置于此对象后】命令，当鼠标指针变为黑色箭头时，在兔子身体部分上单击鼠标左键，如图 3-62 所示。

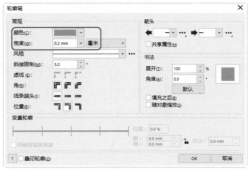

图 3-59　　　　　　　　　　　　　　　　　　　　　图 3-60

图 3-61　　　　　　　　　　　　　　　　　　　　　图 3-62

（16）使用钢笔工具绘制如图 3-63 所示的两条线段。

（17）按 F12 键，弹出【轮廓笔】对话框，将【颜色】的 CMYK 值设置为 0、0、60、0，【宽度】设置为 0.2mm，单击 OK 按钮，如图 3-64 所示。

图 3-63　　　　　　　　　　　　　　　　　　　　　图 3-64

案例精讲 038　　**卡通类——热气球**

插画艺术与绘画艺术的结合能够展示出独特的艺术魅力，从而更具表现力。下面将讲解如何制作热气球，效果如图 3-65 所示。

（1）按 Ctrl+O 组合键，打开素材 \Cha03\ 热气球素材 .cdr 文件，在工具箱中选中【钢笔工具】，在绘图区中绘制热气球主体部分，将填充色的 CMYK 值设置为 1、31、56、0，轮廓色设置为无，如图 3-66 所示。

图 3-65

（2）继续使用钢笔工具绘制图形，将填充色的 CMYK 值设置为 4、3、43、0，轮廓色设置为无，如图 3-67 所示。

图 3-66

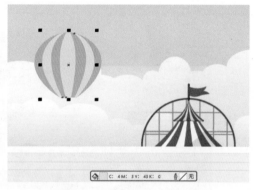

图 3-67

（3）在工具箱中选中【2 点线工具】，分别绘制三条线段，将填充色设置为无，轮廓色的 CMYK 值设置为 62、76、100、44，在属性栏中将轮廓宽度设置为【细线】，如图 3-68 所示。

（4）在工具箱中选中【矩形工具】，绘制一个 6.8mm、1.3mm 的矩形，将填充色的 CMYK 值设置为 0、23、12、0，轮廓色设置为无，在属性栏中单击【倒棱角】按钮，取消圆角半径之间的锁定，将【左上角】、【右上角】的圆角半径设置为 0mm，将【左下角】、【右下角】的圆角半径设置为 9mm，如图 3-69 所示。

图 3-68

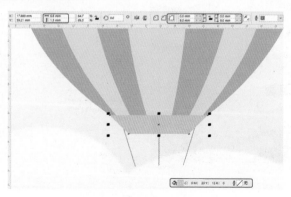

图 3-69

（5）在工具箱中选中【2点线工具】，绘制水平线段。按 F12 键，弹出【轮廓笔】对话框，将【颜色】的 CMYK 值设置为 5、74、67、0，【宽度】设置为【细线】，设置线段的风格样式，如图 3-70 所示。

（6）单击 OK 按钮，观察线段效果，如图 3-71 所示。

（7）在工具箱中选中【钢笔工具】，在绘图区中绘制图形，将填充色的 CMYK 值设置为 62、76、100、44，轮廓色设置为无，如图 3-72 所示。

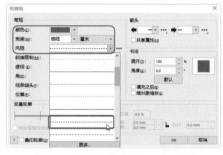

图 3-70

图 3-71

图 3-72

（8）继续使用钢笔工具绘制图形，为了便于观察，这里将颜色设置为黄色，如图 3-73 所示。

（9）使用钢笔工具绘制多个四边形，随意设置颜色，如图 3-74 所示。

（10）选中绘制的黄色图形和所有的四边形对象，右击鼠标，在弹出的快捷菜单中选择【合并】命令，合并完成后将填充色的 CMYK 值设置为 51、69、100、14，轮廓色设置为无，如图 3-75 所示。

图 3-73

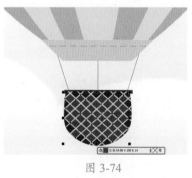

图 3-74

图 3-75

（11）在工具箱中选中【星形工具】，在绘图区中绘制星形，在属性栏中将【点数】设置为 5，【锐度】设置为 20，将填充色的 CMYK 值设置为 3、25、71、0，轮廓色设置为无，如图 3-76 所示。

（12）在菜单栏中选择【窗口】|【泊坞窗】|【角】命令，打开【角】泊坞窗。确认选中绘制的星形对象，选中【圆角】单选按钮，将【半径】设置为 0.1mm，单击【应用】按钮，效果如图 3-77 所示。

（13）按小键盘上的 "+" 键，复制星形对象，将填充色的 CMYK 值设置为 7、4、80、0，轮廓色设置为无，适当缩小星形对象，如图 3-78 所示。

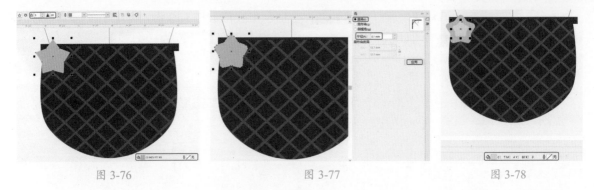

图 3-76   图 3-77   图 3-78

（14）将星形对象进行复制并调整对象的位置，使用钢笔工具绘制图形，将填充色的 CMYK 值设置为 6、4、18、0，轮廓色设置为无，如图 3-79 所示。

（15）在绘制的图形上右击，在弹出的快捷菜单中选择【顺序】|【置于此对象前】命令，如图 3-80 所示。

（16）在合并后的网格对象上单击鼠标，将对象置于网格对象上方，如图 3-81 所示。

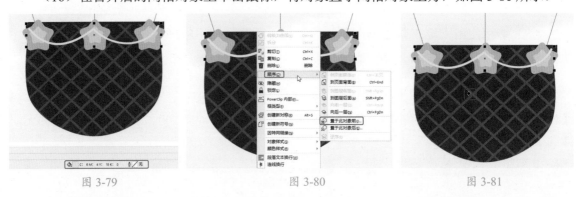

图 3-79   图 3-80   图 3-81

（17）调整对象顺序后的效果如图 3-82 所示。

（18）使用钢笔工具、椭圆工具和星形工具绘制如图 3-83 所示的装饰效果。

（19）使用同样的方法制作其他热气球，效果如图 3-84 所示。

图 3-82   图 3-83   图 3-84

案例精讲 039　**人物类——圣诞老人**

本案例将介绍圣诞老人的绘制，首先使用钢笔工具绘制人物，其次添加圣诞礼物，效果如图 3-85 所示。

（1）打开素材 \Cha03\ 圣诞背景 .cdr 文件，使用钢笔工具绘制如图 3-86 所示的图形，将填充色的 CMYK 值设置为 15、94、88、0，轮廓色设置为无。

（2）使用钢笔工具绘制如图 3-87 所示的图形，将填充色的 CMYK 值设置为 44、99、100、12，轮廓色设置为无。

图 3-85

图 3-86

图 3-87

（3）在工具箱中选中【椭圆形工具】○，绘制大小为 81mm、76mm 的椭圆对象，将填充色的 CMYK 值设置为 4、70、88、0，轮廓色设置为无，如图 3-88 所示。

（4）使用钢笔工具绘制如图 3-89 所示的图形，将填充色的 CMYK 值设置为 6、79、98、0，轮廓色设置为无。

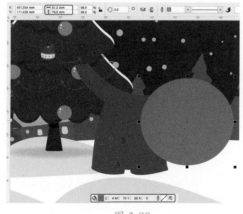

图 3-88

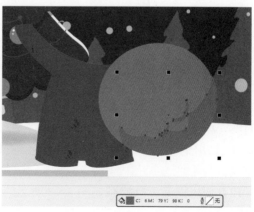

图 3-89

（5）选中绘制的图形和椭圆图形，右击鼠标，在弹出的快捷菜单中选择【顺序】|【置于此对象后】命令，在圣诞老人的红色衣服上单击鼠标，如图 3-90 所示，将选中对象置于该对象的后面。

（6）使用钢笔工具绘制如图 3-91 所示的图形，将填充色的 CMYK 值设置为 4、70、88、0，轮廓色设置为无。

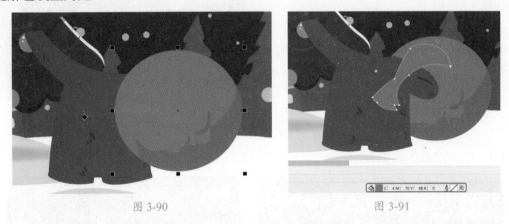

图 3-90   图 3-91

（7）使用钢笔工具绘制如图 3-92 所示的图形，将填充色的 CMYK 值设置为 6、79、98、0，轮廓色设置为无。

（8）使用钢笔工具绘制如图 3-93 所示的图形，将填充色的 CMYK 值设置为 7、5、5、0，轮廓色设置为无。

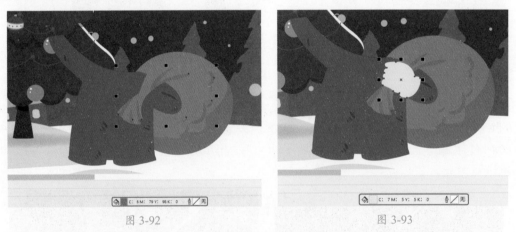

图 3-92   图 3-93

（9）使用钢笔工具绘制如图 3-94 所示的图形，将填充色的 CMYK 值设置为 16、13、12、0，轮廓色设置为无。

（10）使用钢笔工具绘制如图 3-95 所示的图形，绘制圣诞老人的另一只手套部分并设置相应的填充和轮廓色。

（11）使用钢笔工具绘制如图 3-96 所示的图形，将填充色的 CMYK 值设置为 5、36、43、0，轮廓色设置为无。

（12）使用钢笔工具绘制如图 3-97 所示的图形，将填充色的 CMYK 值设置为 7、5、5、0，轮廓色设置为无。

图 3-94

图 3-95

图 3-96

图 3-97

（13）使用钢笔工具绘制如图 3-98 所示的图形，将填充色的 CMYK 值设置为 16、13、12、0，轮廓色设置为无。

（14）使用钢笔工具绘制如图 3-99 所示的图形，将填充色的 CMYK 值设置为 7、5、5、0，轮廓色设置为无。

图 3-98

图 3-99

（15）使用钢笔工具绘制如图 3-100 所示的图形，将填充色的 CMYK 值设置为 93、88、89、80，轮廓色设置为无。

（16）使用钢笔工具绘制如图 3-101 所示的图形，将填充色的 CMYK 值设置为 9、46、41、0，轮廓色设置为无。

图 3-100   图 3-101

（17）使用钢笔工具绘制如图 3-102 所示的图形，将填充色的 CMYK 值设置为 0、64、56、0，轮廓色设置为无。

（18）使用钢笔工具绘制如图 3-103 所示的图形，将填充色的 CMYK 值设置为 38、96、100、4，轮廓色设置为无。

图 3-102   图 3-103

（19）使用钢笔工具绘制如图 3-104 所示的图形，将填充色的 CMYK 值设置为 0、71、54、0，轮廓色设置为无。

（20）使用钢笔工具绘制如图 3-105 所示的小球以及阴影部分对象，右击鼠标，在弹出的快捷菜单中选择【组合】命令，将对象进行编组。

图 3-104　　　　　　　　　　　　　图 3-105

（21）使用钢笔工具绘制圣诞老人的帽子，适当地调整小球的位置，效果如图 3-106 所示。

（22）选择红色帽子部分，右击鼠标，在弹出的快捷菜单中选择【顺序】|【置于此对象后】命令，如图 3-107 所示。

图 3-106　　　　　　　　　　　　　图 3-107

（23）在如图 3-108 所示的位置处单击鼠标，调整对象的顺序位置。

（24）选择成组后的小球对象，右击鼠标，在弹出的快捷菜单中选择【顺序】|【置于此对象前】命令，如图 3-109 所示。

图 3-108　　　　　　　　　　　　　图 3-109

（25）在圣诞老人帽子部分上单击鼠标，如图 3-110 所示，调整对象的顺序位置。

（26）使用钢笔工具绘制靴子，将填充色的 CMYK 值设置为 81、77、75、56，轮廓色设置为无，如图 3-111 所示。

（27）使用钢笔工具绘制如图 3-112 所示的图形，将填充色的 CMYK 值设置为 7、5、5、0，轮廓色设置为无。

图 3-110　　　　　　　　　　图 3-111　　　　　　　　　　图 3-112

（28）使用钢笔工具绘制如图 3-113 所示的图形，将填充色的 CMYK 值设置为 15、94、88、0，轮廓色设置为无。

（29）使用钢笔工具绘制如图 3-114 所示的图形，将填充色的 CMYK 值设置为 44、99、100、12，轮廓色设置为无。

（30）使用钢笔工具绘制如图 3-115 所示的图形，将填充色的 CMYK 值设置为 7、5、5、0，轮廓色设置为无。

图 3-113　　　　　　　　　　图 3-114　　　　　　　　　　图 3-115

（31）使用钢笔工具绘制如图 3-116 所示的图形，将填充色的 CMYK 值设置为 16、13、12、0，轮廓色设置为无。

（32）使用钢笔工具绘制如图 3-117 所示的图形，将填充色的 CMYK 值设置为 81、77、75、56，轮廓色设置为无。

（33）使用钢笔工具绘制如图 3-118 所示的图形，将填充色的 CMYK 值设置为 11、17、77、0，轮廓色设置为无。

图 3-116　　　　　图 3-117　　　　　图 3-118

（34）按 Ctrl+O 组合键，弹出【打开绘图】对话框，选择素材 \Cha03\ 圣诞礼物 .cdr 文件，效果如图 3-119 所示。

（35）选中对象，按 Ctrl+C 组合键，进行复制，返回至场景文件中，按 Ctrl+V 组合键，粘贴圣诞礼物，适当地调整位置，效果如图 3-120 所示。

图 3-119　　　　　　　　图 3-120

案例精讲 040　卡通类——圣诞雪人

本案例将介绍可爱雪人插画的绘制方法，主要使用钢笔工具和椭圆工具绘制出雪人的形状，然后填充颜色，效果如图 3-121 所示。

（1）继续上一个案例的操作，使用钢笔工具绘制如图 3-122 所示的图形，将填充色的 CMYK 值设置为 7、2、2、0，轮廓色设置为无。

（2）使用钢笔工具绘制如图 3-123 所示的图形，将填充色的 CMYK 值设置为 23、18、17、0，轮廓色设置为无。

图 3-121

图 3-122   图 3-123

（3）使用钢笔工具绘制如图 3-124 所示的图形，将填充色的 CMYK 值设置为 79、73、71、45，轮廓色设置为无。

（4）使用钢笔工具绘制如图 3-125 所示的图形，将填充色的 CMYK 值设置为 1、64、27、0，轮廓色设置为无。

（5）使用钢笔工具绘制如图 3-126 所示的图形，将填充色的 CMYK 值设置为 6、69、64、0，轮廓色设置为无。

图 3-124   图 3-125   图 3-126

（6）使用钢笔工具绘制如图 3-127 所示的图形，将填充色的 CMYK 值设置为 28、75、71、0，轮廓色设置为无。

（7）使用钢笔工具绘制如图 3-128 所示的图形，将填充色的 CMYK 值设置为 79、73、71、45，轮廓色设置为无。

图 3-127   图 3-128

（8）选中绘制的帽子图形，如图 3-129 所示，右击鼠标，在弹出的快捷菜单中选择【顺序】|【置于此对象后】命令，在雪人的头部上单击鼠标，将选中对象置于该对象的后面。

（9）使用钢笔工具绘制如图 3-130 所示的图形，将填充色的 CMYK 值设置为 86、82、80、56，轮廓色设置为无。

（10）使用钢笔工具绘制如图 3-131 所示的图形，将填充色的 CMYK 值设置为 79、73、71、45，轮廓色设置为无。

图 3-129　　　　　　　　　　图 3-130　　　　　　　　　　图 3-131

（11）使用钢笔工具绘制如图 3-132 所示的图形，将填充色的 CMYK 值设置为 38、77、97、2，轮廓色设置为无。

（12）选中绘制的雪人胳膊图形，如图 3-133 所示，右击鼠标，在弹出的快捷菜单中选择【顺序】|【置于此对象后】命令，在雪人的身体部位上单击鼠标，将选中对象置于该对象的后面。

图 3-132　　　　　　　　　　　　　　　图 3-133

（13）使用钢笔工具绘制如图 3-134 所示的图形，将填充色的 CMYK 值设置为 6、69、64、0，轮廓色设置为无。

（14）使用钢笔工具绘制围脖的其他部分，如图 3-135 所示。

图 3-134

图 3-135

（15）使用同样的方法绘制如图 3-136 所示的图形，完成最终效果。

图 3-136

Chapter

04

LOGO 及卡片设计

本章导读:

　　企业标志是企业视觉传达要素的核心，也是企业开展信息传达的主导力量。标志的领导地位是企业经营理念和经营活动的集中表现，贯穿和应用于企业的所有相关活动中，不仅具有权威性，而且还体现在视觉要素的一体化和多样性上，其他视觉要素都以标志构成整体为中心而展开。

　　此外，在日常生活中随处可见到各种卡片，例如名片、会员卡、入场券等。常用于承载信息或娱乐用的卡片，其制作材料可以是PVC、透明塑料、金属以及纸质材料。本章将讲解常见的企业标志的设计及卡片的制作方法。

案例精讲 041　　**环境类——唐人能源标志设计**

本案例将讲解如何制作能源公司标志，能源一般代表绿色环保，在这里我们以绿色渐变作为主体 LOGO 背景，配合公司名称的首字母进行组合，最终效果如图 4-1 所示，具体操作方法如下。

图 4-1

（1）启动软件后，新建【宽度】、【高度】分别为 250mm、120mm 的文档，将【原色模式】设置为 CMYK，按 F7 键，激活【椭圆形工具】，绘制大小为 90mm 的正圆，如图 4-2 所示。

（2）选择创建的正圆，按 F11 键，弹出【编辑填充】对话框，将 0% 位置处节点颜色的 CMYK 值设置为 89、42、100、7，将 100% 位置处节点颜色的 CMYK 值设置为 61、0、91、0，在【变换】选项组中将【旋转】设置为 45°，如图 4-3 所示。

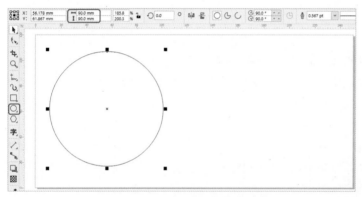

图 4-2　　　　　　　　　　　　　　　　　　　图 4-3

（3）单击 OK 按钮，将轮廓色设置为无，效果如图 4-4 所示。

（4）按 F8 键，激活文本工具，输入文字"T"，在属性栏中将【字体】设置为 DigifaceWide，【字体大小】设置为 280pt，【字体颜色】设置为白色，调整文字的位置，如图 4-5 所示。

（5）继续输入文字"R"，设置与上一步文字相同的属性，为了便于观察，先将文字颜色设置为蓝色，如图 4-6 所示。

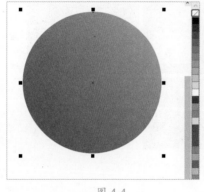
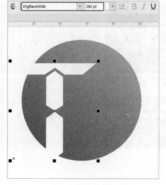
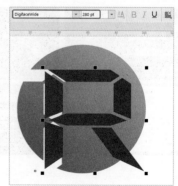

图 4-4　　　　　　　　图 4-5　　　　　　　　图 4-6

（6）按 X 键，激活橡皮擦工具，选择上一步创建的文字，对其进行擦除，效果如图 4-7 所示。

 提示：

在使用橡皮擦工具时，可以先选择需要擦除的对象，然后在属性栏中选择相应形状的橡皮擦进行擦除即可。

（7）选择文字"T"，按 Ctrl+Q 组合键将其转换为曲线，按 F10 键，激活形状工具，选择如图 4-8 所示的节点，将其水平向右拖动，效果如图 4-9 所示。

图 4-7　　　　　　　　　　图 4-8　　　　　　　　　　图 4-9

 提示：

在移动的过程中，为了保持其水平垂直，可以按住 Shift 键进行移动。

（8）将"R"文字的填充颜色设置为白色，使用形状工具对节点进行调整，效果如图 4-10 所示。

（9）按 F8 键，激活文本工具，输入"唐人能源"，在属性栏中将【字体】设置为【方正粗倩简体】，字体大小设置为 97pt，字体颜色设置为黑色，如图 4-11 所示。

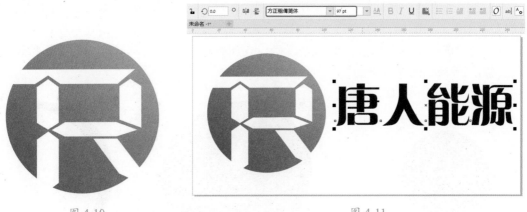

图 4-10　　　　　　　　　　　　　　　图 4-11

（10）使用文本工具在绘图区中继续输入文字，在属性栏中将【字体】设置为 Arial Black，将字体大小设置为 44.5pt，将字体颜色设置为黑色，效果如图 4-12 所示。

图 4-12

案例精讲 042　机械类——天宇机械标志设计

　　本案例将制作机械类的 LOGO，首先通过公司名称进行寓意分解，天宇机械，其中"天"字让人联想到天空，继而联想到天空中的月亮，在使用月亮图标时，只使用了半月，而月亮的另一半则用公司名称的前两个字母代替，象征着公司地位的重要性，而右边的三角形，则具有稳固支撑的作用。在这里强调一点，天宇机械主要制作塔吊类机械，塔吊最

重要的是稳固，对于倒三角形则寓意根深蒂固，像植物的根一样深深地扎入地下。对于文字的位置，则将其放于图标的右侧，效果如图 4-13 所示。

图 4-13

　　（1）启动软件后，新建宽度、高度分别为

700mm、200mm 的文档，将【原色模式】设置为 CMYK。按 F7 键，激活椭圆形工具，绘制【宽】和【高】均为 150mm 的正圆，并将填充色设置为红色，轮廓色设置为无，如图 4-14 所示。

　　（2）选择创建的正圆，按"+"键进行复制，并对复制的图形进行移动，为了便于观察，将其填充为绿色，如图 4-15 所示。

　　（3）使用选择工具选择创建的两个椭圆，在属性栏中单击【移除前面对象】按钮，修剪完成后的效果如图 4-16 所示。

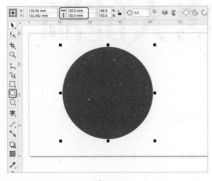

图 4-14

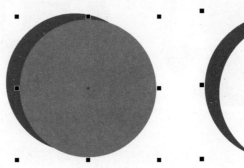

图 4-15

图 4-16

　　（4）按 F8 键，激活文本工具，输入文字"T"，在属性栏中将【字体】设置为【蒙纳简超刚黑】，将字体大小设置为 403pt，将字体颜色设置为黑色，并使用选择工具将其适当倾斜，如图 4-17 所示。

　　（5）选择输入的文字进行复制，并将复制的文字修改为"Y"，如图 4-18 所示。

　　（6）选择创建的文字"Y"，按 Ctrl+Q 组合键，将其转换为曲线，按 F10 键，激活形状工具，对文字"Y"进行适当调整，如图 4-19 所示。

图 4-17　　　　　　　　　　　　　　图 4-18　　　　　　　　　　　　　　图 4-19

　　（7）按 F6 键，激活矩形工具，绘制大小为 50mm 和 1mm 的矩形，为了便于观察，将其填充色设置为绿色，轮廓色设置为无，如图 4-20 所示。

　　（8）选择创建的矩形进行复制，并调整位置，如图 4-21 所示。

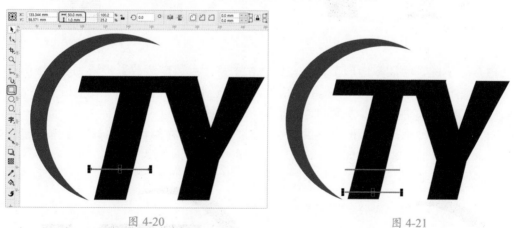

图 4-20　　　　　　　　　　　　　　　　　　　　　图 4-21

　　（9）在工具箱中选中【混合工具】🗫，连接两个矩形，在属性栏中将【调和对象】设置为 10，效果如图 4-22 所示。

　　（10）选择调和后的对象，按 Ctrl+K 组合键将其进行拆分，再次按 Ctrl+U 组合键将组合对象进行分解，如图 4-23 所示。

　　（11）使用选择工具选择矩形和文字"T"，在属性栏中单击【移除前面对象】按钮，此时文字修剪后的效果如图 4-24 所示。

提示：
选择分解后的矩形，可以对其进行复制，以便对"Y"进行设置时使用。

（12）使用同样的方法对文字"Y"进行设置，完成后的效果如图 4-25 所示。

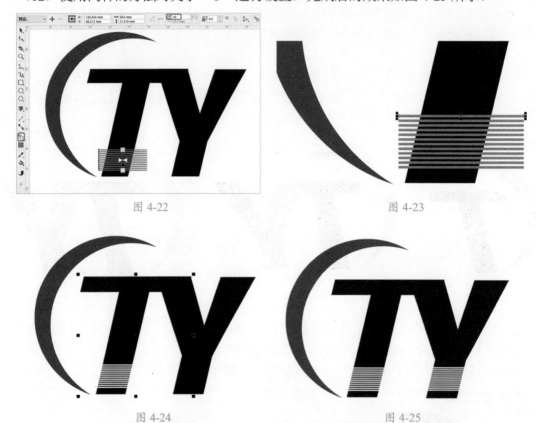

图 4-22　　　　　　　　　　　　　　　图 4-23

图 4-24　　　　　　　　　　　　　　　图 4-25

（13）按 Y 键，激活多边形工具，在属性栏中将【点数或边数】设置为 3，按住 Ctrl 键绘制等边三角形，并将其填充色设置为红色，轮廓色设置为无，对象大小设置为 60mm、52mm，适当调整对象的位置，如图 4-26 所示。

（14）选中三角形，按小键盘上的"+"键进行复制，在属性栏中单击【垂直镜像】按钮，并调整位置，如图 4-27 所示。

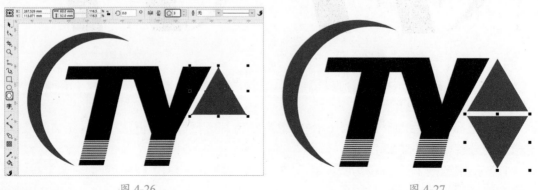

图 4-26　　　　　　　　　　　　　　　图 4-27

提示：

拖动鼠标时按住 Shift 键，可从中心开始绘制多边形；拖动鼠标时按住 Ctrl 键，可绘制对称多边形。

（15）按 F8 键，激活文本工具，输入文本，在属性栏中将【字体】设置为【方正综艺简体】，将字体大小设置为 250pt，将字体颜色设置为黑色，效果如图 4-28 所示。

（16）继续输入文字，在属性栏中将【字体】设置为 Arial Black，将字体大小设置为 112pt，字体颜色设置为黑色，在属性栏中将【宽】设置为 352mm，【高】设置为 29mm，调整文本的位置，效果如图 4-29 所示。

图 4-28

图 4-29

案例精讲 043　服装类——伊人服装店标志设计

本案例将介绍服装店标志的设计，服装店以一朵类似花的图形作为标志，以此来展示服装店的形象，效果如图 4-30 所示。

（1）启动软件后，新建宽度、高度分别为 80mm、50mm 的文档，将【原色模式】设置为 CMYK，然后单击【确定】按钮。在工具箱中选中【钢笔工具】，在绘图页中绘制图形，如图 4-31 所示。

（2）选择绘制的图形，按 Shift+F11 组合键，弹出【编辑填充】对话框，将 CMYK 值设置为 0、100、56、0，单击 OK 按钮，如图 4-32 所示。

图 4-30

图 4-31

图 4-32

（3）执行上述操作后即可为绘制的图形填充颜色，并取消轮廓色的填充，然后按小键盘上的"+"键复制图形，在属性栏中将复制后的图形的旋转角度设置为60°，并在绘图页中调整其位置，效果如图4-33所示。

（4）使用同样的方法，继续复制图形并调整旋转角度，效果如图4-34所示。

图 4-33   图 4-34

（5）在工具箱中选中【文本工具】字，在绘图页中输入文字，将【字体】设置为【汉仪中楷简】，将字体大小设置为20pt，然后将填充色和轮廓色的CMYK值设置为0、100、56、0，将轮廓宽度设置为0.1pt，将【字符间距】设置为40%，效果如图4-35所示。

（6）使用同样的方法，输入其他文字并进行设置，效果如图4-36所示。

图 4-35   图 4-36

（7）在工具箱中选中【2点线工具】，在绘图页中绘制直线，在属性栏中将轮廓宽度设置为1.5pt，轮廓颜色的CMYK值设置为0、100、56、0，如图4-37所示。

（8）在绘图页中复制直线并调整直线位置，效果如图4-38所示。

图 4-37   图 4-38

案例精讲 044　食品类——祥记面馆标志设计

本案例将介绍面馆标志设计，在图 4-39 中可以观察到该 LOGO 具有碗和面条的元素，下面详细介绍其制作方法。

（1）启动软件后，新建宽度、高度分别为 150mm、150mm 的文档，将【原色模式】设置为 RGB，然后单击 OK 按钮。在工具箱中选中【钢笔工具】 🖊，在绘图页中绘制图形，将填充色的 RGB 值设置为 199、1、11，轮廓色设置为无，如图 4-40 所示。

（2）继续使用钢笔工具绘制图形，填充任意颜色并将轮廓色设置为无，如图 4-41 所示。

图 4-39

（3）选中绘制的两个图形，在属性栏中单击【合并】按钮 🔲，合并图形后的效果如图 4-42 所示。

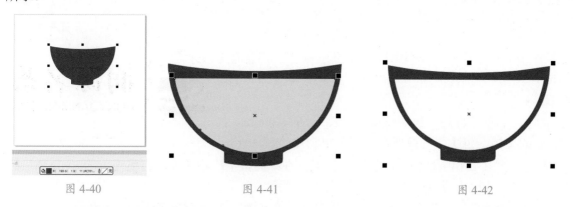

图 4-40　　　　　　　　　图 4-41　　　　　　　　　图 4-42

（4）使用钢笔工具绘制图形，将填充色的 RGB 值设置为 199、1、11，轮廓色设置为无，如图 4-43 所示。

（5）选中绘制的图形，按小键盘上的"+"键进行复制，在属性栏中单击【水平镜像】按钮 📐，适当调整镜像后对象的位置，效果如图 4-44 所示。

（6）使用钢笔工具绘制如图 4-45 所示的图形并设置相应的填充色和轮廓色。

图 4-43　　　　　　　　　图 4-44　　　　　　　　　图 4-45

（7）使用文本工具输入文本，将【字体】设置为【汉仪中圆简】，字体大小设置为77pt，将填充色的 RGB 值设置为 153、2、2，如图 4-46 所示。

（8）按 F12 键，弹出【轮廓笔】对话框，将颜色的 RGB 值设置为 153、2、2，将【宽度】设置为 0.25pt，单击 OK 按钮，如图 4-47 所示。

（9）使用文本工具输入文本，将【字体】设置为【汉仪大黑简】，字体大小设置为30pt，如图 4-48 所示。

图 4-46

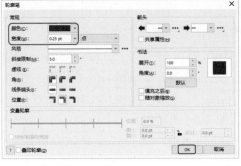
图 4-47

图 4-48

案例精讲 045　饮品类——润源茶叶标志设计

本案例将介绍茶叶标志设计，在图 4-49 中可以观察到该 LOGO 具有茶壶和茶叶的元素，下面详细介绍其制作方法。

图 4-49

（1）启动软件后，新建宽度、高度分别为 70mm、30mm 的文档，将【原色模式】设置为 RGB，然后单击 OK 按钮。在工具箱中选中【钢笔工具】，在绘图页中绘制图形，将填充色的 RGB 值设置为 186、27、32，轮廓色设置为无，如图 4-50 所示。

（2）继续使用钢笔工具绘制如图 4-51 所示的图形，并设置填充色和轮廓色。

图 4-50

图 4-51

（3）使用钢笔工具绘制如图 4-52 所示的图形并进行相应的设置。

（4）使用钢笔工具绘制其他的茶叶对象并设置颜色，调整对象位置，如图 4-53 所示。

图 4-52　　　　　　　　　　　　　　　　图 4-53

（5）在工具箱中选中【文本工具】字，在绘图页中输入文字，在属性栏中将【字体】设置为【方正大标宋简体】，将字体大小设置为 27 pt，如图 4-54 所示。

（6）继续使用【文本工具】字在绘图页中输入文字，在属性栏中将【字体】设置为 Arial Unicode MS，将字体大小设置为 11.5 pt，如图 4-55 所示。

图 4-54　　　　　　　　　　　　　　　　图 4-55

案例精讲 046　　**媒体类——播放器标志设计**

本案例将介绍播放器标志设计，该标志采用橘黄色作为主色调，使用灰色箭头表示播放键，效果如图 4-56 所示。

（1）启动软件后，新建宽度、高度分别为 120mm、100mm 的文档，将【原色模式】设置为 RGB，然后单击 OK 按钮。在工具箱中选中【椭圆形工具】○，在绘图页中绘制大小为 45mm 的椭圆对象，如图 4-57 所示。

（2）选择绘制的椭圆，按 F11 键，弹出【编辑填充】对话

图 4-56

框，将左侧节点处 RGB 值设置为 242、175、40；在 7% 位置处添加一个节点，将其 RGB 值设置为 255、153、0；在 31% 位置处添加一个节点，将其 RGB 值设置为 254、221、91；在 54% 位置处添加一个节点，将其 RGB 值设置为 253、200、76；在 86% 位置处添加一个节点，将其 RGB 值设置为 247、132、32；将右侧节点的 RGB 值设置为 246、235、17。在【变换】选项组中，取消选中【自由缩放和倾斜】复选框，将 W 设置为 140%，【旋转】设置为 35°，单击 OK 按钮，如图 4-58 所示。

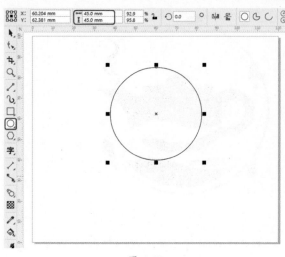

图 4-57

图 4-58

（3）执行上述操作后即可为绘制的椭圆填充渐变颜色，并取消轮廓色的填充。继续使用【椭圆形工具】○在绘图页中绘制大小为 42.6 mm 的椭圆，如图 4-59 所示。

（4）选择绘制的椭圆，按 F11 键，弹出【编辑填充】对话框，在【调和过渡】选项组中选中【椭圆形渐变填充】按钮▣，将左侧节点处 RGB 值设置为 239、169、28；在 32% 位置处添加一个节点，将其 RGB 值设置为 238、171、16；在 51% 位置处添加一个节点，将其 RGB 值设置为 254、232、91；在 78% 位置处添加一个节点，将其 RGB 值设置为 235、215、82；将右侧节点的 RGB 值设置为 254、222、92。在【变换】选项组中，取消选中【自由缩放和倾斜】复选框，将 W 设置为 132%，X 和 Y 分别设置为 -5%、15%，单击 OK 按钮，如图 4-60 所示。

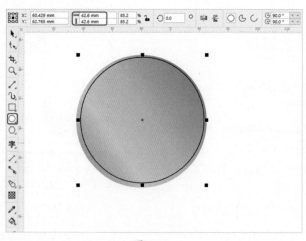

图 4-59

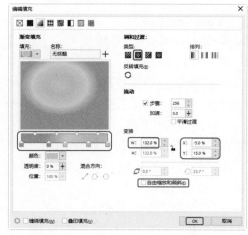

图 4-60

（5）执行上述操作后即可为绘制的椭圆填充渐变颜色，并取消轮廓色的填充。在工具箱中选中【钢笔工具】◊，在绘图页中绘制图形，如图 4-61 所示。

（6）为新绘制的图形填充白色，并取消轮廓色的填充。在工具箱中选中【透明度工具】

🔲，在属性栏中单击【渐变透明度】按钮🔲和【椭圆形渐变透明度】按钮🔲，并在绘图页中
调整节点位置，添加透明度后的效果如图 4-62 所示。

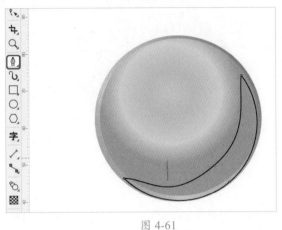

图 4-61　　　　　　　　　　　　　　　　图 4-62

（7）使用同样的方法，继续绘制图形并填充白色，然后为其添加透明度，效果如图 4-63
所示。

（8）在工具箱中选中钢笔工具，在绘图页中绘制图形，如图 4-64 所示。

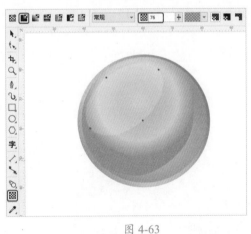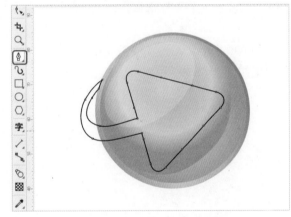

图 4-63　　　　　　　　　　　　　　　　图 4-64

（9）选择绘制的图形，按 F11 键，弹出【编辑填充】对话框，在【调和过渡】选项组
中选中【椭圆形渐变填充】按钮🔲，将左侧节点处 CMYK 值设置为 0、0、0、0；在 29% 位
置处添加一个节点，将其 CMYK 值设置为 75、69、66、27；在 42% 位置处添加一个节点，
将其 CMYK 值设置为 58、49、45、0；在 51% 位置处添加一个节点，将其 CMYK 值设置
为 31、24、20、0；在 63% 位置处添加一个节点，将其 CMYK 值设置为 24、18、16、0；在
71% 位置处添加一个节点，将其 CMYK 值设置为 15、11、11、0；将右侧节点的 CMYK 值
设置为 15、11、11、0。在【变换】选项组中，取消选中【自由缩放和倾斜】复选框，将 W
设置为 192%，X 和 Y 分别设置为 18% 和 64%，单击 OK 按钮，如图 4-65 所示。

（10）执行上述操作后即可为绘制的图形填充渐变颜色，并取消轮廓色的填充。在工具
箱中选中钢笔工具，在绘图页中绘制图形，如图 4-66 所示。

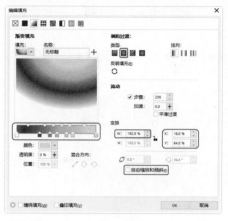

图 4-65

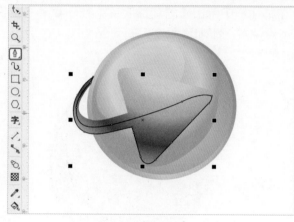

图 4-66

（11）选择绘制的图形，按 F11 键，弹出【编辑填充】对话框，在【调和过渡】选项组中选中【椭圆形渐变填充】按钮，将左侧节点处 CMYK 值设置为 50、41、39、0；在 38%位置处添加一个节点，将其 CMYK 值设置为 50、41、39、0；在 55% 位置处添加一个节点，将其 CMYK 值设置为 31、24、24、0；在 66% 位置处添加一个节点，将其 CMYK 值设置为 11、9、9、0；将右侧节点处 CMYK 值设置为 11、9、9、0。在【变换】选项组中，取消选中【自由缩放和倾斜】复选框，将 W 设置为 195%，X 和 Y 分别设置为 17% 和 68%，如图 4-67所示。

（12）单击 OK 按钮，取消轮廓色的填充，使用同样的方法，绘制其他图形并填充渐变颜色，效果如图 4-68 所示。

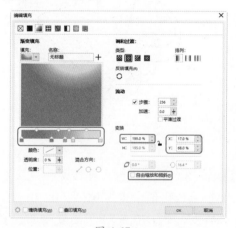

图 4-67

图 4-68

（13）在工具箱中选中【椭圆形工具】，在绘图页中绘制椭圆，如图 4-69 所示。

（14）选择绘制的椭圆，按 Shift+F11 组合键，弹出【编辑填充】对话框，将 CMYK 值设置为 0、0、0、80，单击 OK 按钮，如图 4-70 所示。

（15）执行上述操作后即可为绘制的椭圆填充颜色，并取消轮廓色的填充。在工具箱中选中【透明度工具】，在属性栏中单击【渐变透明度】按钮和【椭圆形渐变透明度】按钮，并在绘图页中调整节点位置。添加透明度后的效果如图 4-71 所示。

（16）在工具箱中选中【文本工具】 字 ，在绘图页中输入文字，在属性栏中将【字体】
设置为【方正综艺简体】，将字体大小设置为 50 pt，将填充色的 RGB 值设置为 255、149、0，
如图 4-72 所示。

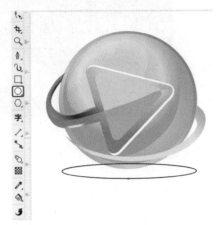

图 4-69

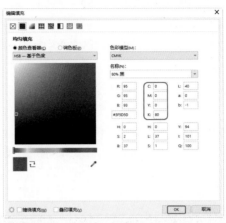

图 4-70

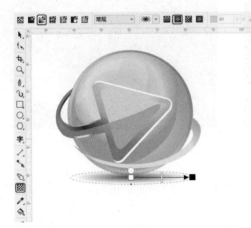

图 4-71

图 4-72

（17）继续使用【文本工具】
字 ，在绘图页中输入文字，将【字
体】设置为 Arial，将字体样式设
置为【粗体】，将字体大小设置为
24 pt，将填充色的 RGB 值设置为
255、149、0，如图 4-73 所示。

图 4-73

案例精讲 047　订餐卡——餐厅订餐卡正面

　　本案例将介绍如何制作订餐卡正面，首先通过导入素材文件执行【PowerClip 内部】命令，再使用形状工具调整文本，效果如图 4-74 所示。

图 4-74

　　（1）启动软件后，按 Ctrl+N 组合键，弹出【创建新文档】对话框，将【宽度】和【高度】分别设置为 160mm 和 90mm，【原色模式】设置为 CMYK，单击 OK 按钮。在菜单栏中选择【文件】|【导入】命令，弹出【导入】对话框，选择素材 \Cha04\ 订餐卡 01.jpg 文件，单击【导入】按钮，调整素材的大小及位置，如图 4-75 所示。

　　（2）在属性栏中单击【水平镜像】按钮，镜像素材，如图 4-76 所示。

图 4-75

图 4-76

　　（3）使用文本工具输入文本，将【字体】设置为【汉仪菱心体简】，字体大小设置为 65pt，将填充色设置为白色，如图 4-77 所示。

　　（4）选择输入的文字，右击鼠标，在弹出的快捷菜单中选择【转换为曲线】命令，使用【形状工具】调整文本，如图 4-78 所示。

图 4-77

图 4-78

　　（5）使用同样的方法导入素材 \Cha04\ 订餐卡 02.cdr 文件，单击【导入】按钮，调整素材的大小及位置。使用文本工具输入文本，在【属性】泊坞窗中将【字体】设置为 Utsaah，字体大小设置为 20pt，字体样式设置为粗体，将填充色设置为白色，如图 4-79 所示。

（6）继续导入素材 \Cha04\ 订餐卡 03.cdr 文件，单击【导入】按钮，调整素材的大小及位置，使用矩形工具和文本工具制作如图 4-80 所示的内容。

图 4-79 　　　　　　　　　　　　　　　　　　　图 4-80

案例精讲 048　订餐卡——餐厅订餐卡反面

本案例将介绍如何制作订餐卡反面，主要使用钢笔工具与文本工具来完善卡片部分，效果如图 4-81 所示。

（1）启动软件后，按 Ctrl+N 组合键，弹出【创建新文档】对话框，将【宽度】和【高度】分别设置为 160mm 和 90mm，【原色模式】设置为 CMYK，单击 OK 按钮。在菜单栏中选择【文件】|【导入】命令，

图 4-81

弹出【导入】对话框，选择素材 \Cha04\ 订餐卡 04.jpg 文件，单击【导入】按钮，调整素材的大小及位置，如图 4-82 所示。

（2）使用同样的方法导入素材 \Cha04\ 订餐卡 05.jpg 文件，并调整素材的大小及位置，如图 4-83 所示。

图 4-82 　　　　　　　　　　　　　　　　　　　图 4-83

（3）在工具箱中选中【钢笔工具】🖊️，在绘图区中绘制图形，随意填充颜色，轮廓色设置为无，如图 4-84 所示。

（4）选择导入的"订餐卡 05.jpg"素材，右击鼠标，在弹出的快捷菜单中选择【PowerClip 内部】命令，在图形上单击鼠标，效果如图 4-85 所示。

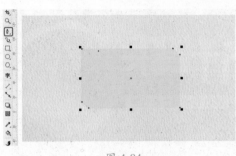

图 4-84   图 4-85

（5）在菜单栏中选择【文件】|【导入】命令，弹出【导入】对话框，选择素材 \Cha04\ 订餐卡 06.png 文件，单击【导入】按钮，适当调整素材的大小及位置，如图 4-86 所示。

（6）使用文本工具输入文本，在属性栏中将【字体】设置为【文鼎 CS 大黑】，将字体大小设置为 16pt，将填充色设置为黑色，如图 4-87 所示。

图 4-86   图 4-87

（7）使用同样的方法导入素材 \Cha04\ 订餐卡 03.cdr 文件，调整素材的大小及位置，选中素材，按 Ctrl+U 组合键进行分组，将房子图像删除，选择电话图像，将填充色设置为黑色，如图 4-88 所示。

（8）使用文本工具输入文本，在属性栏中将【字体】设置为【创艺简黑体】，将字体大小设置为 9.12t，将填充色设置为黑色，如图 4-89 所示。

图 4-88   图 4-89

（9）在工具箱中选中【2 点线工具】 ，绘制线段，将填充色设置为无，轮廓色设置为黑色，将轮廓宽度设置为 0.195mm，如图 4-90 所示。

（10）使用同样的方法输入其他文本并绘制图形，效果如图 4-91 所示。

图 4-90

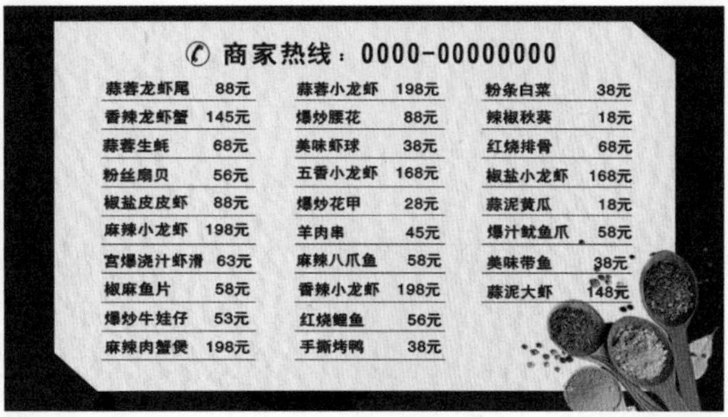

图 4-91

案例精讲 049　抵用券——潮男服装馆正面

本案例将介绍如何制作抵用券正面，首先为文字添加渐变颜色，然后通过导入素材文件执行【PowerClip 内部】命令为素材添加效果，再使用文本工具输入其他内容，效果如图 4-92 所示。

（1）启动软件后，按 Ctrl+N 组合键，弹出【创建新文档】对话框，将【宽度】、【高度】分别设置为 374mm、161mm，【原色模式】设置为 CMYK，单击 OK 按钮即可新建文档。然后导入素材 \Cha04\ 抵用券背景 1.jpg 文件，调整大小及位置，如图 4-93 所示。

图 4-92

（2）使用文本工具输入文本，将【字体】设置为【汉仪中楷简】，将字体大小设置为 60pt，如图 4-94 所示。

图 4-93

图 4-94

（3）选中该文字，按 F11 键，在弹出的【编辑填充】对话框中将左侧节点处 CMYK 值设置为 47、53、88、2；在 50% 位置处添加色块，将 CMYK 值设置为 12、14、46、0；将

100% 位置处 CMYK 值设置为 47、53、88、2，取消选中【缠绕填充】复选框，将 W 设置为 443%，H 设置为 158%，X 设置为 6%，Y 设置为 -40%，将【倾斜】设置为 -69°，【旋转】设置为 -75°，如图 4-95 所示。

（4）单击 OK 按钮，使用文本工具输入文本，将【字体】设置为【汉仪中楷简】，将字体大小设置为 25pt，使用同样的方法为文字填充渐变颜色，如图 4-96 所示。

图 4-95　　　　　　　　　　　　　　　　图 4-96

（5）在工具箱中选中【2 点线工具】 ，绘制线段，将填充色设置为无，将轮廓色的 CMYK 值设置为 12、14、46、0，【宽度】设置为 0.4mm，并设置线段风格样式，如图 4-97 所示。

（6）使用文本工具输入文本，将【字体】设置为【汉仪中楷简】，将字体大小设置为 15pt，【字符间距】设置为 740，将填充色的 CMYK 值设置为 12、14、46、0，轮廓色设置为无，如图 4-98 所示。

图 4-97　　　　　　　　　　　　　　　　图 4-98

（7）使用文本工具输入文本，将【字体】设置为【汉仪中楷简】，将字体大小设置为 80pt，将填充色的 CMYK 值设置为 12、14、46、0。选择"私人定制"文字，将字体大小设置为 45pt，使用同样的方法输入其他文本，将【字体】设置为【经典黑体简】，将字体大小设置为 35pt，【不透明度】设置为 60，如图 4-99 所示。

（8）使用矩形工具在绘图区中绘制矩形，将对象大小分别设置为 54mm、34mm，将轮廓宽度设置为 0.9mm，轮廓色设置为白色，然后对矩形进行复制并调整复制对象，如图 4-100 所示。

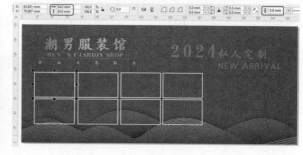

图 4-99　　　　　　　　　　　　　　　　图 4-100

（9）使用矩形工具，在绘图区中绘制矩形，将【圆角半径】设置为 5mm，使用前面介绍的方法为矩形设置渐变，效果如图 4-101 所示。

（10）继续使用文本工具和 2 点线工具制作如图 4-102 所示的内容。

图 4-101　　　　　　　　　　　　　　　　图 4-102

（11）按 Ctrl+I 组合键，在弹出的对话框中，选择素材 \Cha04\L01.jpg 文件，单击【导入】按钮，然后在绘图区中单击鼠标导入图片。选择导入的素材，右击鼠标，在弹出的快捷菜单中选择【PowerClip 内部】命令，在矩形图形上单击鼠标，在选中图片的情况下，在菜单栏中选择【对象】| PowerClip |【按比例填充】命令，如图 4-103 所示。

（12）使用同样的方法导入其他图片，完成后的效果如图 4-104 所示。

图 4-103　　　　　　　　　　　　　　　　图 4-104

（13）继续导入其他图片，在工具箱中选中【文本工具】字，输入文本，将【字体】设置为【汉仪中楷简】，字体大小设置为 17pt，【字符间距】设置为 75%，将字体颜色设置为黑色，如图 4-105 所示。

图 4-105

案例精讲 050　抵用券——潮男服装馆反面

本案例将介绍如何制作抵用券反面，主要使用 2 点线工具与文本工具进行制作，效果如图 4-106 所示。

图 4-106

（1）启动软件后，按 Ctrl+N 组合键，在弹出的对话框中，将【宽度】、【高度】分别设置为 374mm、161mm，【原色模式】设置为 CMYK，单击 OK 按钮即可新建文档。然后导入素材 \Cha04\ 抵用券背景 2.jpg 文件，调整大小及位置，使用文本工具输入文本，将【字体】设置为【汉仪中楷简】，将字体大小设置为 45pt，如图 4-107 所示。

（2）选中该文字，按 F11 键，在弹出的对话框中将左侧节点处 CMYK 值设置为 26、29、62、1，在 50% 位置处添加色块，将 CMYK 值设置为 12、14、46、0，将 100% 位置处色块的 CMYK 值设置为 47、53、88、2，取消选中【缠绕填充】复选框，将 W 设置为 443%，H 设置为 158%，将 X 设置为 6%，将 Y 设置为 -40%，将【倾斜】设置为 -69°，【旋转】设置为 -75°，单击 OK 按钮，如图 4-108 所示。

图 4-107

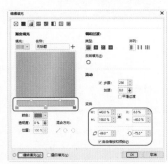

图 4-108

（3）使用文本工具输入文本，将【字体】设置为【汉仪粗黑简】，将字体大小设置为 100pt，选择"元"文字，将字体大小设置为 24pt，设置相同的渐变颜色，如图 4-109 所示。

（4）使用文本工具和钢笔工具制作如图 4-110 所示的内容。

图 4-109

图 4-110

（5）将上一案例的文字复制粘贴至当前文档中，适当调整位置，将【字符间距】分别设置为 -35%、-15%，如图 4-111 所示。

（6）按 Ctrl+I 组合键，在弹出的对话框中，选择素材 \Cha04\L1.png 文件，单击【导入】按钮，然后在绘图区中单击鼠标导入图片，将【旋转】设置为 46，【合并模式】设置为【叠加】，如图 4-112 所示。

图 4-111   图 4-112

案例精讲 051   入场券——小提琴音乐会入场券正面

本案例将介绍如何制作入场券正面，主要使用矩形工具和渐变工具制作入场券正面主体部分，然后运用文本工具完善其他部分，效果如图 4-113 所示。

（1）启动软件后在欢迎界面中单击【新建文档】按钮，在弹出的对话框中将【宽度】、【高度】分别设置为 347mm、165mm，单击 OK 按钮即可新建文档。然后导入素材

图 4-113

\Cha04\ 入场券背景 1.jpg 文件，调整大小及位置，如图 4-114 所示。

（2）在工具箱中选中文本工具输入文本，将【字体】设置为【方正楷体简体】，将字体大小设置为 17pt，将字体颜色的 CMYK 值设置为 11、5、67、0，如图 4-115 所示。

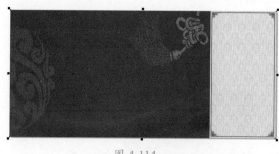

图 4-114   图 4-115

（3）使用文本工具输入文本，将【字体】设置为【汉仪中楷简】，将字体大小分别设置为 45pt、26pt、95pt，将填充色的 CMYK 值设置为 11、5、67、0，如图 4-116 所示。

（4）使用同样的方法输入其他文字并进行相应的设置，如图 4-117 所示。

图 4-116   图 4-117

（5）按 Ctrl+I 组合键，在弹出的对话框中，选择素材 \Cha04\L9.png 文件，单击【导入】按钮，在绘图区中单击鼠标导入图片。选择导入的图片对其进行复制，然后在属性栏中单击【垂直镜像】按钮，接着调整镜像对象的位置，如图 4-118 所示。

（6）选中导入的图像和复制的图像，在【属性】泊坞窗中选中【均匀透明度】按钮，将【透明度】设置为 35，如图 4-119 所示。

图 4-118   图 4-119

（7）使用文本工具在绘图区中输入文本，将【字体】设置为【汉仪中楷简】，将字体大小设置为 50pt，将填充色设置为黑色，如图 4-120 所示。

（8）使用文本工具在绘图区中输入文本，将【字体】设置为【方正楷体简体】，将字体大小设置为 18pt，将填充色设置为黑色，如图 4-121 所示。

图 4-120   图 4-121

（9）使用文本工具在绘图区中输入文本，将【字体】设置为【经典特黑简】，将字体大小设置为 28pt，将填充色的 CMYK 值设置为 5、21、62、0，如图 4-122 所示。

（10）使用矩形工具绘制大小为 28mm、25mm 的图形对象，将【圆角半径】设置为 5mm，填充色设置为无，将轮廓色的 CMYK 值设置为 5、21、62、0，如图 4-123 所示。

图 4-122　　　　　　　　　　　图 4-123

（11）使用文本工具输入文本，将【字体】设置为【汉仪中楷简】，字体大小设置为 40pt，将填充色的 CMYK 值设置为 5、21、62、0，轮廓色设置为无，如图 4-124 所示。

（12）使用同样的方法输入文本，并进行相应的设置，如图 4-125 所示。

图 4-124

图 4-125

（13）使用文本工具输入文本，将【字体】设置为【汉仪中楷简】，字体大小设置为 35pt，将填充色设置为黑色，轮廓色设置为无，如图 4-126 所示。

图 4-126

案例精讲 052　　入场券——小提琴音乐会入场券反面

本案例将介绍如何制作入场券反面，首先使用文本工具输入文本，再使用矩形工具绘制矩形，然后将输入的文字与绘制的图形进行旋转操作，效果如图 4-127 所示。

（1）启动软件后在欢迎界面中单击【新建文档】按钮，在弹出的对话框中将【宽度】、【高度】分别设置为 347mm、165mm，单击 OK 按钮即可新建文档。然后导入素材

图 4-127

\Cha04\ 入场券背景 2.jpg 文件，调整大小及位置，如图 4-128 所示。

（2）在工具箱中选中文本工具，在绘图区中输入文本，将【字体】设置为【经典特黑简】，将字体大小设置为 28pt，将填充色的 CMYK 值设置为 44、71、87、5。使用矩形工具绘制图形，将【圆角半径】设置为 5mm，填充色设置为无，将轮廓色的 CMYK 值设置为 44、71、87、5。选中输入的文字和绘制的图形，将【旋转角度】设置为 270，如图 4-129 所示。

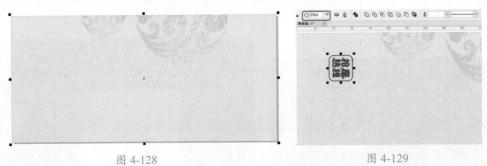

图 4-128　　　　　　　　　　　　　　　　图 4-129

（3）使用文本工具在绘图区中输入文本，将【字体】设置为【汉仪中楷简】，将字体大小分别设置为 45pt、26pt、40pt、20pt，将填充色的 CMYK 值设置为 44、71、87、5，【旋转角度】设置为 270，如图 4-130 所示。

（4）在工具箱中选中矩形工具，绘制大小为 95mm、137mm 的矩形对象，将填充色的 CMYK 值设置为 27、40、64、0，轮廓色设置为无，轮廓宽度设置为 0.2mm，如图 4-131 所示。

图 4-130

图 4-131

（5）按 Ctrl+I 组合键，在弹出的对话框中，选择素材 \Cha04\L10.png 文件，单击【导入】按钮，然后在绘图区中单击鼠标导入图片。选择导入的图片，对其进行复制，然后调整复制图形的位置，如图 4-132 所示。

（6）使用同样的方法绘制矩形并导入素材文件，然后进行相应的设置，如图 4-133 所示。

图 4-132　　　　　　　　　　　　　　　图 4-133

（7）在工具箱中选中文本工具输入文本，将【字体】设置为【汉仪中楷简】，将字体大小设置为 35pt，将填充色设置为黑色，如图 4-134 所示。

（8）在工具箱中选中文本工具输入文本，将【字体】设置为【方正楷体简体】，将字体大小设置为 15pt，将填充色设置为黑色，如图 4-135 所示。

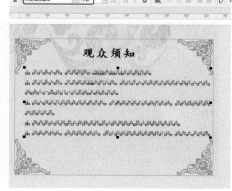

图 4-134　　　　　　　　　　　　　　　图 4-135

（9）使用同样的方法输入文本，将【字体】设置为【汉仪中楷简】，将字体大小设置为 16pt，将填充色设置为黑色，如图 4-136 所示。

图 4-136

案例精讲 053　积分卡——购物商场卡片正面

本案例将讲解如何制作积分卡正面，首先导入卡片的背景，然后输入文字并添加素材花纹，效果如图 4-137 所示。

（1）启动软件后新建文档，在【创建新文档】对话框中，将【宽度】设置为 95mm，【高度】设置为 57mm，然后单击 OK 按钮。在菜单栏中选择【文件】|【导入】命令，导入素材 \Cha04\ 积分卡 01.cdr 文件，适当调整素材的大小及位置，如图 4-138 所示。

图 4-137

（2）使用文本工具输入文本，将【字体】设置为 Shonar Bangla，将字体样式设置为【粗体】，将字体大小设置为 90pt。按 F11 键，在弹出的【编辑填充】对话框中将左侧节点处 CMYK 值设置为 0、20、60、20；在 51% 位置处添加色块，将 CMYK 值设置为 3、6、37、0；将 100% 位置处色块的 CMYK 值设置为 0、20、60、20。将【变换】选项组中的【旋转】设置为 -2°，轮廓色设置为无，如图 4-139 所示。

图 4-138

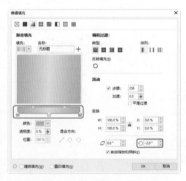

图 4-139

（3）设置完成后，单击 OK 按钮。使用同样的方法输入文字并填充渐变颜色，将【字体】设置为 Shonar Bangla，单击【粗体】按钮，将字体大小设置为 70pt，如图 4-140 所示。

（4）使用同样的方法输入文字并填充渐变颜色，将【字体】设置为【长城新艺体】，将字体大小设置为 11pt，如图 4-141 所示。

图 4-140

图 4-141

（5）按 Ctrl+I 组合键，打开【导入】对话框，导入素材 \Cha04\ 积分卡电话 .png 文件，调整素材位置，如图 4-142 所示。

（6）在工具箱中选中【文本工具】字，输入文本"VIP LINK"，将【字体】设置为 Arial，将字体大小设置为 6pt，将填充色 CMYK 值设置为 3、8、41、4。使用同样的方法输入文本"888"，将【字体】设置为【Adobe 宋体 Std L】，字体大小设置为 10pt，将填充色的 CMYK 值设置为 3、8、41、4，如图 4-143 所示。

图 4-142　　　　　　　　　　　　　　　　图 4-143

（7）在工具箱中选中【2 点线工具】，绘制线段，将填充色设置为无，轮廓色的 CMYK 值设置为 3、8、41、4，将轮廓宽度设置为 0.2mm，如图 4-144 所示。

（8）在工具箱中选中【文本工具】字，输入文本，将【字体】设置为 Arial，字体大小设置为 14pt，将填充色的 CMYK 值设置为 3、8、41、4，如图 4-145 所示。

（9）使用同样的方法输入文本并设置填充色，将【字体】设置为 Shonar Bangla，单击【粗体】按钮，将字体大小设置为 10pt，如图 4-146 所示。

图 4-144　　　　　　　　图 4-145　　　　　　　　图 4-146

案例精讲 054　积分卡——购物商场卡片反面

本案例将介绍如何制作积分卡反面，首先制作背景图形，然后为卡片添加文字，效果如图 4-147 所示。

（1）新建一个宽度为 95mm、高度为 57mm 的文档，导入素材 \Cha04\ 积分卡背景 2.jpg 文件，调整素材的大小及位置，如图 4-148 所示。

（2）使用矩形工具绘制一个大小分别为

图 4-147

113

95mm、6.5mm 的图形对象,将填充色的 CMYK 值设置为 0、0、0、50,轮廓色设置为无,
如图 4-149 所示。

图 4-148 　　　　　　　　　　　　　　　图 4-149

(3)使用文本工具输入文本,在属性栏中将【字体】设置为【微软简综艺】,将字体大
小设置为 8.5pt,将填充色的 CMYK 值设置为 0、0、0、50,如图 4-150 所示。

(4)使用文本工具输入文本,在属性栏中将【字体】设置为【微软雅黑】,将字体大小
设置为 4.1pt,将填充色的 CMYK 值设置为 0、0、0、50,如图 4-151 所示。

图 4-150 　　　　　　　　　　　　　　　图 4-151

(5)使用矩形工具绘制矩形,将对象大小分别设置为 30、5,将【圆角半径】设置为 7.7,
将填充色的 CMYK 值设置为 0、0、0、50,轮廓色设置为无,如图 4-152 所示。

(6)使用文本工具输入文本,在属性栏中将【字体】设置为【方正大黑简体】,将字体
大小设置为 5.5pt,将填充色 CMYK 值设置为 0、0、0、50,如图 4-153 所示。

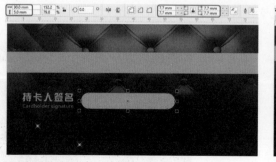

图 4-152 　　　　　　　　　　　　　　　图 4-153

Chapter

05

海报设计

本章导读：

在现实生活中，海报是最为常见的一种宣传方式，海报大多用于影视剧和新品、商业活动等宣传，主要利用图片、文字、色彩、空间等要素的完整结合，以恰当的形式向人们展示宣传信息。

案例精讲 055　**美容类——护肤品海报**

护肤品是每个女性必备的法宝，精美的护肤能唤起女性心理和生理上的活力，增强自信心，随着消费者自我意识的日渐提升，护肤市场迅速发展，人们对于护肤品的消费从实体店走向网购，因此，众多化妆品销售部门都通过相应的宣传海报进行宣传。本案例介绍如何制作护肤品海报，效果如图 5-1所示。

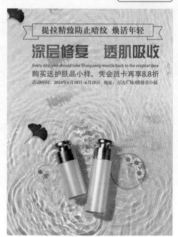

图 5-1

（1）按 Ctrl+O 组合键，打开素材 \Cha05\ 护肤品海报素材 .cdr 文件，如图 5-2 所示。

（2）在工具箱中选中【矩形工具】□，绘制大小为430mm、44mm 的矩形对象，将填充色设置为无，将轮廓色的RGB 值设置为 0、113、188，轮廓宽度设置为 1.7mm，如图 5-3所示。

图 5-2

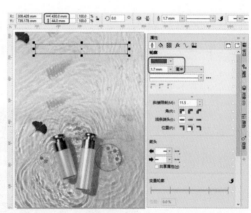

图 5-3

（3）在工具箱中选中【钢笔工具】♨，绘制图形，将轮廓色的 RGB 值设置为 0、113、188，将轮廓宽度设置为 1.7mm，如图 5-4 所示。

（4）选中绘制的图形，按小键盘上的"+"键进行复制，在属性栏中单击【水平镜像】按钮⬚，适当调整镜像后对象的位置，如图 5-5 所示。

图 5-4

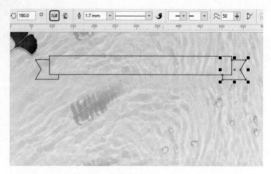

图 5-5

（5）在工具箱中选中【文本工具】**字**，在绘图页中输入文字，并选择输入的文字，将【字体】设置为【汉仪粗宋简】，将字体大小设置为 83 pt，【字符间距】设置为 0%，将文本颜色的 RGB 值设置为 0、113、188，如图 5-6 所示。

（6）在工具箱中选中文本工具，在绘图页中输入文字，并选择输入的文字，将【字体】设置为【汉仪综艺体简】，将字体大小设置为 153 pt，【字符间距】设置为 0%，将"深层"、"透肌"文本的 RGB 值设置为 0、146、69，将"修复"、"吸收"文本的 RGB 值设置为 0、113、188，如图 5-7 所示。

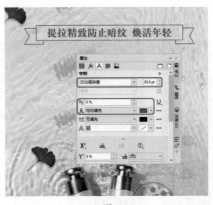 

图 5-6　　　　　　　　　　　　　　　　　图 5-7

（7）在工具箱中选中文本工具，在绘图页中输入文字，并选择输入的文字，将【字体】设置为【Adobe 黑体 Std R】，将字体大小设置为 40 pt，【字符间距】设置为 0%，将文本颜色的 RGB 值设置为 0、113、188，如图 5-8 所示。

（8）在工具箱中选中文本工具，在绘图页中输入文字，并选择输入的文字，在属性栏中将【字体】设置为【Adobe 黑体 Std R】，将字体大小设置为 74 pt，【字符间距】设置为 0%，将文本颜色的 RGB 值设置为 0、113、188，如图 5-9 所示。

（9）在工具箱中选中文本工具，在绘图页中输入文字，并选择输入的文字，在属性栏中将【字体】设置为【方正小标宋简体】，将字体大小设置为 44 pt，【字符间距】设置为 0%，将文本颜色的 RGB 值设置为 0、113、188，如图 5-10 所示。

图 5-8　　　　　　　　　图 5-9　　　　　　　　　图 5-10

案例精讲 056　　美妆类——口红海报

　　口红是美容化妆品的一种，本案例将介绍如何制作口红海报。首先通过文本工具输入文本内容，然后添加阴影完成最终效果，如图 5-11 所示。

　　（1）按 Ctrl+O 组合键，打开素材 \Cha05\ 口红海报素材 .cdr 文件，如图 5-12 所示。

　　（2）在工具箱中选中文本工具，在绘图页中输入文字，将【字体】设置为【方正毡笔黑繁体】，将字体大小设置为 90 pt，【字符间距】设置为 0%，将文本颜色的 RGB 值设置为248、216、159，如图 5-13 所示。

　　图 5-11　　　　　　　　　　　图 5-12　　　　　　　　　　　　　　图 5-13

　　（3）在工具箱中选中【阴影工具】，在文本上向下拖曳鼠标，形成文本的阴影部分，将【合并模式】设置为【常规】，将阴影颜色的 RGB 值设置为 158、52、36，将阴影不透明度设置为 80，将阴影羽化设置为 15，如图 5-14 所示。

　　（4）在工具箱中选中文本工具，在绘图页中输入文字，将【字体】设置为【微软雅黑】，将字体大小设置为 20 pt，【字符间距】设置为 400%，将文本颜色的 RGB 值设置为 248、216、159，如图 5-15 所示。

　　图 5-14　　　　　　　　　　　　　　　　　　　　图 5-15

（5）在工具箱中选中【阴影工具】█，在文本上向右下角拖曳鼠标，拖曳出文本的阴影部分，将【合并模式】设置为【常规】，阴影颜色的 RGB 值设置为 158、52、36，阴影不透明度设置为 80，阴影羽化设置为 15，如图 5-16 所示。

（6）在工具箱中选中【矩形工具】█，绘制大小为 138mm、20mm 的矩形对象，将填充色的 RGB 值设置为 185、27、33，轮廓色设置为无，如图 5-17 所示。

图 5-16

图 5-17

（7）在工具箱中选中【阴影工具】█，在文本上向右下角拖曳鼠标，拖曳出文本的阴影部分，将【合并模式】设置为【乘】，阴影颜色设置为黑色，阴影不透明度设置为 50，阴影羽化设置为 15，如图 5-18 所示。

（8）在工具箱中选中文本工具，在绘图页中输入文字，将【字体】设置为【方正小标宋简体】，将字体大小设置为 24 pt，【字符间距】设置为 0%，文本颜色设置为白色，如图 5-19 所示。

图 5-18

图 5-19

案例精讲 057　食品类——美食自助促销海报

本案例将讲解如何制作美食自助促销海报，打开素材文件，首先通过星形工具和钢笔工具制作出美食自助打折的图标，然后通过设置渐变颜色制作图标的质感，最后通过文本工具完善文案，效果如图 5-20 所示。

（1）按 Ctrl+O 组合键，打开素材 \Cha05\ 美食自助促销素材 .cdr 文件，如图 5-21 所示。

（2）使用钢笔工具绘制如图 5-22 所示的图形对象。

图 5-20   图 5-21   图 5-22

（3）按 F11 键，弹出【编辑填充】对话框，将 0% 位置处的 RGB 值设置为 235、84、35，将 100% 位置处的 RGB 值设置为 230、0、59，选中【调和过渡】选项组中的【椭圆形渐变填充】按钮，选中【缠绕填充】复选框，如图 5-23 所示。

（4）单击 OK 按钮，取消轮廓色的填充，使用钢笔工具绘制如图 5-24 所示的图形。

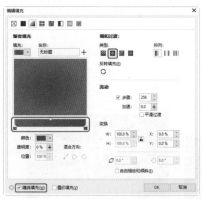

图 5-23   图 5-24

（5）按 F11 键，弹出【编辑填充】对话框，将 0% 位置处的颜色设置为白色，将 100% 位置处的颜色设置为黑色。在【变换】选项组中取消选中【自由缩放和倾斜】复选框，将 W 设置为 196%，X、Y 分别设置为 1.5%、-4.7%，【旋转】设置为 -72°，如图 5-25 所示。

（6）单击 OK 按钮，取消轮廓色的填充。在工具箱中选中【透明度工具】按钮，在属性栏中单击【均匀透明度】按钮，将【合并模式】设置为【屏幕】，【透明度】设置为 20，如图 5-26 所示。

（7）在工具箱中选中文本工具，在绘图页中输入文字，在属性栏中将【字体】设置为【汉仪蝶语体简】，字体大小设置为 155 pt，文本颜色设置为白色，适当地对文本进行旋转，如图 5-27 所示。

（8）使用文本工具分别输入文本，将【字体】设置为【汉仪菱心体简】，将"火锅"文本的字体大小设置为346 pt，将"自助"文本的字体大小设置为208 pt，文本颜色设置为白色，如图5-28所示。

图 5-25

图 5-26

图 5-27

图 5-28

（9）在工具箱中选中文本工具输入文本，在属性栏中将【字体】设置为【汉仪粗宋简】，字体大小设置为57 pt，文本颜色设置为白色，如图5-29所示。

（10）使用椭圆形工具绘制两个大小为14mm的圆形，将轮廓宽度设置为2.5mm，轮廓颜色设置为白色，使用文本工具输入文本，将【字体】设置为【汉仪粗宋简】，字体大小设置为60 pt，文本颜色设置为白色，如图5-30所示。

图 5-29

图 5-30

（11）为火锅自助区域的对象添加阴影，效果如图 5-31 所示。

（12）继续使用文本工具输入其他的文本对象，将【字体】设置为【汉仪蝶语体简】，适当地设置文本的字体大小，效果如图 5-32 所示。

图 5-31 　　　　　　　　　　　　　　　 图 5-32

案例精讲 058　宣传类——招聘海报

招聘也叫"找人""招人""招新"。就字面含义而言，就是某主体为实现或完成某个目标或任务，而进行的择人活动。招聘一般由主体、载体及对象构成，主体就是用人者，载体是信息的传播体，对象则是符合标准的候选人，三者缺一不可，效果如图 5-33 所示。

（1）启动软件后，新建一个宽度、高度分别为 295mm、444mm 的文档，将【原色模式】设置为 RGB，单击 OK 按钮。使用矩形工具绘制一个与文档大小相同的矩形作为招聘背景，将填充色的 RGB 值设置为 247、247、247，轮廓色设置为无，如图 5-34 所示。

（2）按 Ctrl+I 组合键，导入素材 \Cha05\ 招聘背景 .png 文件，调整其大小及位置，如图 5-35 所示。

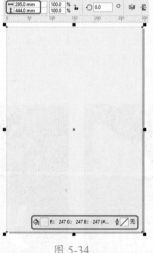

图 5-33 　　　　　　　　　 图 5-34 　　　　　　　　　 图 5-35

（3）使用文本工具输入文本，在属性栏中将【字体】设置为【微软简综艺】，字体大小设置为 200 pt，文本颜色设置为白色，如图 5-36 所示。

（4）使用文本工具输入文本，在属性栏中将【字体】设置为 Bodoni Bd BT，将 SINCERE 的字体大小设置为 85 pt，将 INVITATION 的字体大小设置为 62 pt，文本颜色设置为白色，如图 5-37 所示。

图 5-36

图 5-37

（5）使用前面介绍过的方法制作如图 5-38 所示的图形对象，按 Ctrl+I 组合键，导入素材 \Cha05\ 二维码 .png 文件并调整对象的位置。

（6）使用文本工具完善招聘信息，效果如图 5-39 所示。

图 5-38

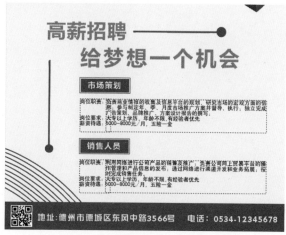
图 5-39

宣传单设计

本章导读:

　　宣传单是一种常见的现代信息传播工具，它可以通过具体、生动的形式来向对方传递信息，因此在制作宣传单时要求设计人员思路清晰，拥有创意与丰富的理念，制作出风格独特的宣传单。本章将介绍宣传单的设计制作方法。

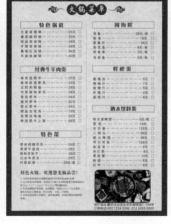

案例精讲 059　**制作冷饮宣传单正面**

天气炎热，冷饮便开始占据人们的生活，本案例将介绍冷饮宣传单正面的制作，效果如图 6-1 所示。

（1）启动软件后，按 Ctrl+N 组合键，弹出【新建文档】对话框，将【宽度】、【高度】分别设置为 210 mm、285 mm，【原色模式】设置为 CMYK，单击 OK 按钮。打开素材 \Cha06\ 冷饮 1.cdr 文件，将其复制并粘贴至绘图区中，调整至合适的大小及位置，如图 6-2 所示。

（2）选中工具箱中的【钢笔工具】，按住 Shift 键在绘图区中绘制一条水平直线，将【宽度】、【高度】分别设置为 210mm、0mm，将轮廓宽度设置为 2mm，取消填充色，按 F12 键，在弹出的对话框中将轮廓色的 CMYK 值设置为 51、1、100、0，如图 6-3 所示。

图 6-1　　　　　　　　　　图 6-2　　　　　　　　　　图 6-3

（3）选中工具箱中的【文本工具】，在绘图区中输入文本，将【字体】设置为【方正大标宋简体】，字体大小设置为 35pt，将填充色的 CMYK 值设置为 0、89、95、0，如图 6-4 所示。

（4）选中工具箱中的文本工具，在绘图区中输入文本，将【字体】设置为【方正粗黑宋简体】，字体大小设置为 11.2pt，将填充色的 CMYK 值设置为 0、89、95、0，如图 6-5 所示。

图 6-4　　　　　　　　　　　　　图 6-5

（5）选中工具箱中的文本工具，在绘图区中输入文本"PRICE""$28.80"，将【字体】设置为【微软雅黑】，将英文的字体大小设置为11pt，将数字的字体大小设置为10pt，单击【粗体】按钮B，将填充色的CMYK值设置为27、20、20、0，如图6-6所示。

（6）选中工具箱中的钢笔工具，在绘图区中绘制一条适当大小的线段，调整至合适的位置，将轮廓色的CMYK值设置为27、21、21、0，轮廓宽度设置为0.5mm，如图6-7所示。

图 6-6　　　　　　　　　　　　　　　　　　图 6-7

（7）使用同样的方法输入其他文本并绘制图形，效果如图6-8所示。

（8）打开素材 \Cha06\ 冷饮2.cdr 文件，将其复制并粘贴至绘图区中，调整至合适的位置，如图6-9所示。

图 6-8　　　　　　　　　　　　　　　　　　图 6-9

（9）选中工具箱中的矩形工具，在绘图区中绘制矩形，将【宽度】、【高度】分别设置为67mm、282mm，将填充色的CMYK值设置为0、84、100、0，取消轮廓色，如图6-10所示。

（10）选中工具箱中的文本工具，在绘图区中输入文本，将【字体】设置为【方正小标宋繁体】，字体大小设置为72pt，将字体填充色设置为白色，如图6-11所示。

（11）选中工具箱中的【椭圆形工具】○，在绘图区中绘制椭圆，将【宽度】、【高度】都设置为28.7mm，将填充色设置为白色，取消轮廓色，如图6-12所示。

（12）选中工具箱中的文本工具，在绘图区中输入文本，将【字体】设置为【方正大标宋简体】，字体大小设置为60pt，将填充色的CMYK值设置为0、84、100、0，如图6-13所示。

图 6-10   图 6-11

图 6-12   图 6-13

（13）选中工具箱中的文本工具，在绘图区中输入文本，将【字体】设置为【方正小标宋繁体】，字体大小设置为16pt，将字体填充色设置为白色，按 Alt+F8 组合键，在弹出的【变换】泊坞窗中将【角度】设置为 -90°，单击【应用】按钮，如图 6-14 所示。

（14）选中工具箱中的文本工具，在绘图区中输入文本 "xia" "yin"，将【字体】设置为【方正小标宋繁体】，字体大小设置为 26pt，将字体填充色设置为白色，将文本 "yin" 的旋转角度设置为 -90°，如图 6-15 所示。

图 6-14   图 6-15

（15）选中工具箱中的文本工具，在绘图区中输入文本，将【字体】设置为【方正大标宋简体】，字体大小设置为16pt，【字符间距】设置为-20%，将字体的填充色设置为白色，旋转角度设置为-90°，如图6-16所示。

（16）选中工具箱中的文本工具，在绘图区中输入文本，将【字体】设置为【方正大标宋简体】，字体大小设置为16pt，将字体的填充色设置为白色，将旋转角度设置为-90°，如图6-17所示。

图6-16　　　　　　　　　　　　　　　图6-17

（17）选中工具箱中的文本工具，在绘图区中输入文本，将【字体】设置为【创意简老宋】，字体大小设置为22pt，将字体的填充色和轮廓色都设置为白色，轮廓宽度设置为0.17mm，如图6-18所示。

（18）使用钢笔工具、椭圆形工具在绘图区中绘制其他的线段和图形，效果如图6-19所示。

图6-18　　　　　　　　　　　　　　　图6-19

（19）选中工具箱中的【贝塞尔工具】 ，在绘图区中绘制三个如图6-20所示的图形，将填充色设置为白色，取消轮廓色。

（20）选中工具箱中的文本工具，在绘图区中输入文本，将【字体】设置为【微软雅黑】，字体大小设置为13.8pt，将字体填充色设置为白色，如图6-21所示。

图 6-20   图 6-21

（21）选中工具箱中的文本工具，在绘图区中单击并拖曳出一个适当大小的矩形文本框，输入如图 6-22 所示的文本，将【字体】设置为【微软雅黑】，字体大小设置为 4pt，【行间距】设置为 150%，将填充色设置为白色。

（22）使用相同的方法输入其他文本，如图 6-23 所示。

图 6-22   图 6-23

（23）选中工具箱中的钢笔工具，在绘图区中绘制两条水平的直线，将轮廓宽度设置为 0.4mm，如图 6-24 所示。

（24）选择之前绘制的矩形，选中工具箱中的【阴影工具】 ▢，在【预设】下拉列表框中选择【小型辉光】选项，在矩形中心按住鼠标左键并向右下方拖曳出阴影，如图 6-25 所示。

（25）选中工具箱中的椭圆形工具，在绘图区中绘制椭圆，将【宽度】、【高度】分别设置为 35mm、26mm，将填充色的 CMYK 值设置为 0、100、100、0，取消轮廓色，如图 6-26 所示。

（26）选中工具箱中的矩形工具，在绘图区中绘制矩形，将【宽度】、【高度】分别设置为 45mm、20mm，单击【圆角】按钮，将圆角半径设置为 3mm，将填充色的 CMYK 值设置为 0、100、100、0，取消轮廓色，如图 6-27 所示。

图 6-24   图 6-25

图 6-26   图 6-27

（27）选中工具箱中的矩形工具，在绘图区中绘制矩形，将【宽度】、【高度】分别设置为 40mm、16mm，单击【圆角】按钮，将圆角半径设置为 2.4mm，轮廓宽度设置为 0.7mm，取消填充色，将轮廓色设置为白色，如图 6-28 所示。

（28）使用椭圆形工具在绘图区中绘制如图 6-29 所示的半圆，取消填充色，将轮廓色设置为白色，将轮廓宽度设置为 0.7mm。

图 6-28   图 6-29

（29）使用钢笔工具、贝塞尔工具、椭圆形工具在绘图区中绘制如图 6-30 所示的图形，将填充色设置为白色，取消轮廓色。

（30）选中工具箱中的文本工具，在绘图区中输入文本"……NEW……"，将【字体】设置为【方正粗黑宋简体】，字体大小设置为 8.3pt，将填充色的 CMYK 值设置为 0、100、100、0，取消轮廓色，如图 6-31 所示。

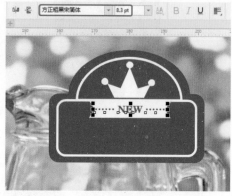

图 6-30　　　　　　　　　　　　　　　　　　图 6-31

（31）选中工具箱中的文本工具，在绘图区中输入文本"新款推荐"，将【字体】设置为【方正粗黑宋简体】，字体大小设置为 23pt，将字体填充色设置为白色，如图 6-32 所示。

（32）选择之前绘制的红色圆角矩形和椭圆，将其编组后，选中工具箱中的阴影工具，在【预设】下拉列表框中选择【小型辉光】选项，将阴影羽化设置为 5，将阴影颜色的 CMYK 值设置为 0、0、0、60，按住鼠标左键向右下方拖曳出阴影，如图 6-33 所示。

图 6-32　　　　　　　　　　　　　　　　　　图 6-33

案例精讲 060　制作冷饮宣传单反面

本案例将介绍冷饮宣传单反面的制作，效果如图 6-34 所示。

（1）启动软件后，按 Ctrl+N 组合键，弹出【新建文档】对话框，将【宽度】、【高度】分别设置为 210mm、285mm，【原色模式】设置为 CMYK，单击 OK 按钮。选中工具箱中的【矩形工具】▢，在绘图区中绘制矩形，将【宽度】、【高度】分别设置为210mm、285mm，将填充色的 CMYK 值设置为0、84、100、0，取消轮廓色，如图6-35所示。

（2）选中工具箱中的矩形工具，在绘图区中绘制矩形，将【宽度】、【高度】分别设置为180mm、260mm，将填充色设置为白色，取消轮廓色，如图6-36所示。

图 6-34

图 6-35

图 6-36

（3）选中工具箱中的【文本工具】字，在绘图区中输入文本，将【字体】设置为【方正黑体简体】，字体大小设置为40pt，将填充色的 CMYK 值设置为0、89、95、0，如图6-37所示。

（4）选中工具箱中的矩形工具，在绘图区中绘制一个矩形，将【宽度】、【高度】分别设置为38mm、9mm，单击【圆角】按钮，将圆角半径设置为4mm，将填充色的 CMYK 值设置为0、89、95、0，轮廓色设置为无，如图6-38所示。

图 6-37

图 6-38

（5）选中工具箱中的文本工具，在绘图区中输入文本，将【字体】设置为【微软雅黑】，字体大小设置为18pt，将填充色设置为白色，如图6-39所示。

（6）选中工具箱中的文本工具，在绘图区中输入如图 6-40 所示的文本，将【字体】设置为【微软雅黑】，字体大小设置为 14.5pt，将填充色的 CMYK 值设置为 60、51、47、0，取消轮廓色。

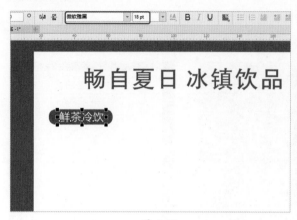
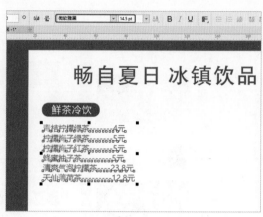

图 6-39　　　　　　　　　　　　　　　图 6-40

（7）使用同样的方法输入其他文本并绘制图形，效果如图 6-41 所示。

（8）打开素材 \Cha06\ 冷饮 3.cdr 文件，将其复制并粘贴至绘图区中，调整至合适的位置，效果如图 6-42 所示。

图 6-41　　　　　　　　　　　　　　　图 6-42

案例精讲 061　　**制作火锅宣传单正面**

火锅不仅是美食，而且蕴含着饮食文化的内涵，本案例将介绍火锅宣传单正面的制作，效果如图 6-43 所示。

（1）启动软件后，按 Ctrl+N 组合键，弹出【新建文档】对话框，将【宽度】、【高度】分别设置为 210mm、285mm，【原色模式】设置为 CMYK，单击 OK 按钮。选中工具箱中的【矩形工具】，在绘图区中绘制矩形，将【宽度】、【高度】分别设置为 210mm、285mm，将填充色的 CMYK 值设置为 0、100、100、50，取消轮廓色，如图 6-44 所示。

（2）选中工具箱中的矩形工具，在绘图区中绘制矩形，将【宽度】、【高度】分别设置为 196mm、272mm，将填充色的 CMYK 值设置为 0、5、20、0，取消轮廓色，如图 6-45 所示。

（3）打开素材 \Cha06\ 火锅 1.cdr 文件，将其复制并粘贴至绘图区中，调整至合适的位置，如图 6-46 所示。

图 6-43

图 6-44

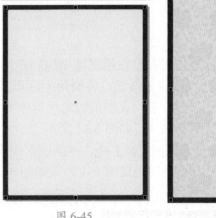

图 6-45

图 6-46

（4）选中工具箱中的矩形工具，在绘图区中绘制矩形，将【宽度】、【高度】都设置为 40mm，将填充色的 CMYK 值设置为 0、100、100、50，取消轮廓色，如图 6-47 所示。

（5）选中工具箱中的【文本工具】，在绘图区中输入文本，将【字体】设置为【方正综艺简体】，字体大小设置为 44pt，将填充色设置为白色，如图 6-48 所示。

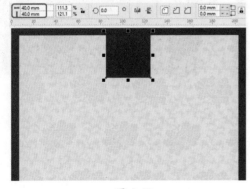

图 6-47

图 6-48

（6）选中工具箱中的文本工具，在绘图区中输入文本，将【字体】设置为【汉仪大黑简】，字体大小设置为 54pt，将填充色的 CMYK 值设置为 0、100、100、50，如图 6-49 所示。

（7）选中工具箱中的文本工具，在绘图区中输入如图 6-50 所示的文本，将【字体】设置为【微软雅黑】，字体大小设置为 14pt，将填充色的 CMYK 值设置为 0、100、100、50。

图 6-49

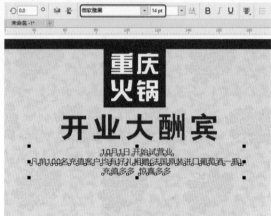
图 6-50

（8）选中工具箱中的矩形工具，在绘图区中绘制矩形，将【宽度】、【高度】分别设置为 162mm、48mm，单击【圆角】按钮，将圆角半径设置为 3mm，将填充色的 CMYK 值设置为 0、100、100、50。按 F12 键，在弹出的对话框中将轮廓颜色的 CMYK 值设置为 0、10、50、0，将轮廓宽度设置为 1mm，如图 6-51 所示。

（9）选中工具箱中的【椭圆形工具】，在绘图区中绘制圆形，将【宽度】、【高度】都设置为 44mm，填充色和轮廓色的设置同上，效果如图 6-52 所示。

图 6-51

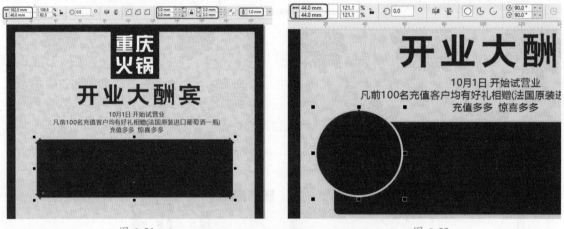
图 6-52

（10）选中工具箱中的文本工具，在绘图区中输入文本，将【字体】设置为【微软雅黑】，字体大小设置为 38pt，单击【粗体】按钮，将填充色的 CMYK 值设置为 0、10、50、0，按

Alt+F8 组合键，在弹出的【变换】泊坞窗中将旋转的【角度】设置为 45°，单击【应用】按钮，如图 6-53 所示。

（11）选中工具箱中的文本工具，在绘图区中输入如图 6-54 所示的文本，将【字体】设置为【微软雅黑】，字体大小设置为 25pt，【字符间距】设置为 50%，将字体填充色设置为白色，如图 6-54 所示。

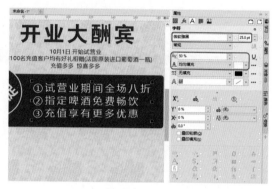

图 6-53 　　　　　　　　　　　　　　　　图 6-54

（12）打开素材 \Cha06\ 火锅 2.cdr 文件，将其复制并粘贴至绘图区中，调整至合适的位置，如图 6-55 所示。

（13）选中工具箱中的文本工具，在绘图区中输入如图 6-56 所示的文本，将【字体】设置为【微软雅黑】，字体大小设置为 12pt，将填充色的 CMYK 值设置为 93、88、89、80，如图 6-56 所示。

图 6-55 　　　　　　　　　　　　　　　　图 6-56

（14）选中工具箱中的文本工具，在绘图区中输入如图 6-57 所示的文本，将【字体】设置为【微软雅黑】，字体大小设置为 12pt，将填充色的 CMYK 值设置为 93、88、89、80。

（15）打开素材 \Cha06\ 火锅 3.cdr 文件，将其复制并粘贴至绘图区中，调整至合适的位置，如图 6-58 所示。

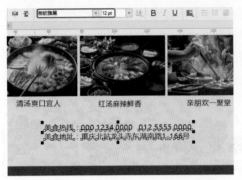

图 6-57

图 6-58

（16）选中工具箱中的文本工具，在绘图区中输入如图 6-59 所示的文本，将【字体】设置为【微软雅黑】，字体大小设置为 8pt，将填充色的 CMYK 值设置为 93、88、89、80。

图 6-59

制作火锅宣传单反面

火锅宣传单正面制作完成后，本案例将介绍火锅宣传单反面的制作，效果如图 6-60 所示。

（1）启动软件后，按 Ctrl+N 组合键，弹出【新建文档】对话框，将【宽度】、【高度】分别设置为 210 mm、285mm，【原色模式】设置为 CMYK，单击 OK 按钮。选中工具箱中的【矩形工具】，在绘图区中绘制矩形，将【宽度】、【高度】分别设置为 210mm、285mm，将填充色的 CMYK 值设置为 0、100、100、50，如图 6-61 所示。

（2）选中工具箱中的矩形工具，在绘图区中绘制矩形，将【宽度】、【高度】分别设置为 196mm、272mm，将填充色的 CMYK 值设置为 0、5、20、0，如图 6-62 所示。

（3）打开素材 \Cha06\ 火锅 1.cdr 文件，将其复制并粘贴至绘图区中，调整至合适的位置，如图 6-63 所示。

图 6-60

图 6-61　　　　　　　　　　图 6-62　　　　　　　　　　图 6-63

（4）选中工具箱中的【椭圆形工具】⭕，在绘图区中绘制正圆，将【宽度】、【高度】都设置为 13.8mm，将填充色设置为黑色，轮廓色设置为无，如图 6-64 所示。

（5）使用相同的方法绘制正圆，将填充色的 CMYK 值设置为 0、100、100、40，轮廓色设置为无，如图 6-65 所示。

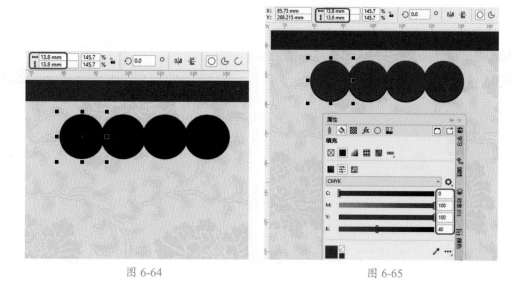

图 6-64　　　　　　　　　　　　　　　图 6-65

（6）选中工具箱中的【文本工具】字，在绘图区中输入文本，将【字体】设置为【迷你简雪君】，字体大小设置为 30pt，【字符间距】设置为 25%，将填充色的 CMYK 值设置为 7、0、93、0，如图 6-66 所示。

（7）选中工具箱中的【贝塞尔工具】✐，在绘图区中绘制图形，按 F11 键，在弹出的对话框中设置渐变，将 0% 位置处的 CMYK 值设置为 0、100、100、70，将 100% 位置处的 CMYK 值设置为 0、100、100、0，【变换】选项组中参数的设置如图 6-67 所示，右边的图形旋转并复制即可。

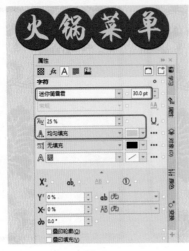

图 6-66　　　　　　　　　　　　　图 6-67

（8）选中工具箱中的矩形工具，在绘图区中绘制矩形，将【宽度】、【高度】分别设置为 80mm、8.5mm，将轮廓宽度设置为 0.25mm，将轮廓色的 CMYK 值设置为 60、90、90、10，如图 6-68 所示。

（9）选中工具箱中的文本工具，在绘图区中输入文本，将【字体】设置为【方正粗倩简体】，字体大小设置为 18.3pt，将填充色的 CMYK 值设置为 60、90、90、10，如图 6-69 所示。

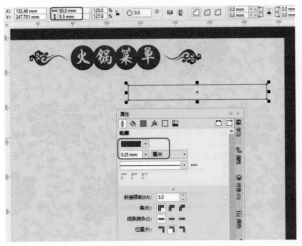

图 6-68　　　　　　　　　　　　　图 6-69

（10）选中工具箱中的文本工具，在绘图区中按住鼠标左键拖曳出一个适当大小的文本框，输入如图 6-70 所示的文本，将【字体】设置为【方正黑体简体】，字体大小设置为 12pt，将填充色的 CMYK 值设置为 60、90、90、10，将【行间距】、【段前间距】分别设置为 125%、150%。

（11）使用相同的方法绘制其他图形并输入其他文本，效果如图 6-71 所示。

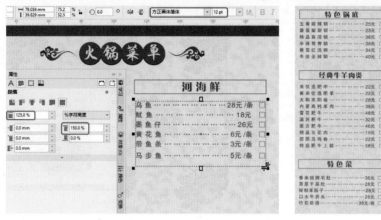
图 6-70

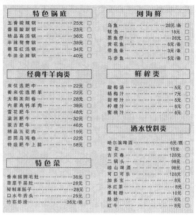
图 6-71

（12）选中工具箱中的钢笔工具，在绘图区中绘制一条 188mm 的垂直线段，将轮廓宽度设置为 0.25mm，设置如图 6-72 所示的线条样式，将轮廓色的 CMYK 值设置为 0、100、100、30。

（13）选中工具箱中的文本工具，在绘图区中输入如图 6-73 所示的文本，将【字体】设置为【方正大标宋简体】，字体大小设置为 16pt，将填充色的 CMYK 值设置为 60、90、90、10。

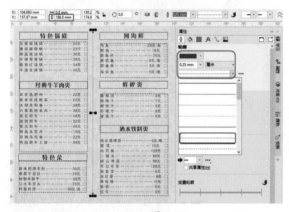
图 6-72

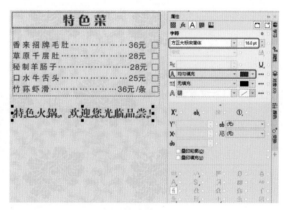
图 6-73

（14）选中工具箱中的文本工具，在绘图区中输入如图 6-74 所示的文本，将【字体】设置为【微软雅黑】，字体大小设置为 8pt，将填充色的 CMYK 值设置为 0、0、0、90，将部分文本的颜色设置为红色、橙色。

（15）选中工具箱中的矩形工具，在绘图区中绘制矩形，将【宽度】、【高度】分别设置为 72mm、42mm，单击【圆角】按钮，将圆角半径设置为 4.4mm，轮廓宽度设置为 0.75mm，将轮廓色的 CMYK 值设置为 0、100、100、50。打开素材 \Cha06\ 火锅 4.cdr 文件，将其复制并粘贴至绘图区中，调整至合适的位置，将其置于图文框内部，完成后的效果如图 6-75所示。

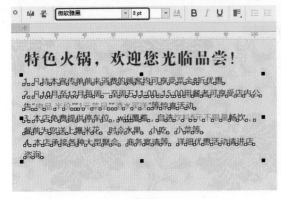

图 6-74

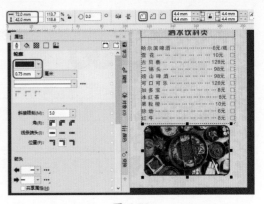

图 6-75

（16）选中工具箱中的文本工具，在绘图区中输入如图 6-76 所示的文本，将【字体】设置为【微软雅黑】，字体大小设置为 11pt，将填充色的 CMYK 值设置为 60、90、90、10。

图 6-76

案例精讲 063　制作旅游宣传单正面

在 21 世纪的今天，旅游已经成为人们放松娱乐的不二之选，本案例将介绍旅游宣传单正面的制作，效果如图 6-77 所示。

（1）启动软件后，按 Ctrl+N 组合键，弹出【新建文档】对话框，将【宽度】、【高度】分别设置为 210mm、285mm，【原色模式】设置为 CMYK，单击 OK 按钮。打开素材 \Cha06\ 旅游 1.cdr 文件，将其复制并粘贴至绘图区中，调整至合适的位置，如图 6-78 所示。

（2）打开素材 \Cha06\ 旅游 2.cdr 文件，将其复制并粘贴至绘图区中，调整至合适的位置，如图 6-79 所示。

（3）打开素材 \Cha06\ 旅游 3.cdr 文件，将其复制并粘贴至绘图区中，调整至合适的位置，如图 6-80 所示。

图 6-77

图 6-78　　　　　　　　　图 6-79　　　　　　　　　图 6-80

　　（4）选中工具箱中的【文本工具】字，在绘图区中输入文本，将【字体】设置为【方正行楷简体】，字体大小设置为 100pt，轮廓宽度设置为 0.2mm，将填充色和轮廓色的 CMYK 值都设置为 76、34、19、0，如图 6-81 所示。

　　（5）选中工具箱中的文本工具，在绘图区中输入如图 6-82 所示的文本，将【字体】设置为【微软雅黑】，字体大小设置为 14pt，将填充色的 CMYK 值设置为 74、29、14、0。

图 6-81　　　　　　　　　　　　　　　图 6-82

　　（6）选中工具箱中的【矩形工具】▢，在绘图区中绘制矩形，将【宽度】、【高度】分别设置为 148mm、9mm，单击【圆角】按钮，将圆角半径设置为 2.5mm，将填充色的 CMYK 值设置为 74、29、14、0，取消轮廓色，如图 6-83 所示。

　　（7）选中工具箱中的文本工具，在绘图区中输入如图 6-84 所示的文本，将【字体】设置为【方正黑体简体】，字体大小设置为 17pt，将填充色设置为白色。

　　（8）选中工具箱中的【钢笔工具】，在绘图区中绘制一个如图 6-85 所示的图形，将填充色的 CMYK 值设置为 75、24、9、0，取消轮廓色。

图 6-83   图 6-84   图 6-85

（9）继续使用钢笔工具，在绘图区中绘制一条曲线，将轮廓宽度设置为 0.75mm，将【线条样式】设置为如图 6-86 所示，将轮廓色的 CMYK 值设置为 75、24、9、0。

（10）使用文本工具，在绘图区中输入如图 6-87 所示的文本，将【字体】设置为【方正粗黑宋简体】，将"￥5888"的字体大小设置为 58pt，其他文本的字体大小设置为 24pt，将填充色的 CMYK 值设置为 74、29、14、0。

图 6-86   图 6-87

（11）打开素材 \Cha06\ 旅游 4.cdr 文件，将其复制并粘贴至绘图区中，调整至合适的位置，如图 6-88 所示。

（12）选中工具箱中的【椭圆形工具】〇，在绘图区中绘制三个正圆，将【宽度】、【高度】都设置为 25mm，填充色为任意，取消轮廓色，如图 6-89 所示。

图 6-88   图 6-89

（13）打开素材 \Cha06\ 旅游 5.cdr 文件，将其复制并粘贴至绘图区中，调整至合适的位置，分别将其置于图文框内部，效果如图 6-90 所示。

（14）选中工具箱中的钢笔工具，在绘图区中按住 Shift 键绘制三条垂直的线段，将轮廓色设置为黑色，如图 6-91 所示。

图 6-90

图 6-91

（15）选中工具箱中的文本工具，在绘图区中输入文本"吃""游""玩"，将【字体】设置为【微软雅黑】，字体大小设置为 40pt，将字体填充色设置为黑色，如图 6-92 所示。

（16）选中工具箱中的文本工具，在绘图区中输入如图 6-93 所示的文本，将【字体】设置为【微软雅黑】，字体大小设置为 12pt，将字体填充色设置为黑色。

图 6-92

图 6-93

（17）选中工具箱中的文本工具，在绘图区中输入如图 6-94 所示的文本，将【字体】设置为【方正魏碑简体】，字体大小设置为 24pt，将填充色设置为白色。

（18）选中工具箱中的文本工具，在绘图区中输入文本，将【字体】设置为【微软雅黑】，字体大小设置为 12pt，单击【粗体】按钮 B，将字体填充色设置为白色，如图 6-95 所示。

（19）选中工具箱中的钢笔工具，在绘图区中按住 Shift 键绘制两条水平的线段，将【宽度】设置为 65mm，轮廓宽度设置为 0.75mm，将轮廓色设置为白色，如图 6-96 所示。

图 6-94

图 6-95

图 6-96

案例精讲 064　制作旅游宣传单反面

　　旅游宣传单正面制作完成后，本案例将介绍旅游宣传单反面的制作，效果如图 6-97 所示。

　　（1）启动软件后，按 Ctrl+N 组合键，弹出【新建文档】对话框，将【宽度】、【高度】分别设置为 210mm、285mm，【原色模式】设置为 CMYK，单击 OK 按钮。打开素材 \Cha06\ 旅游 6.cdr 文件，将其复制并粘贴至绘图区中，调整至合适的位置，如图 6-98 所示。

　　（2）选中工具箱中的【钢笔工具】，在绘图区中绘制如图 6-99 所示的图形，将填充色的 CMYK 值设置为 74、29、14、0，取消轮廓色。

　　（3）打开素材 \Cha06\ 旅游 7.cdr 文件，将其复制并粘贴至绘图区中，调整至合适的位置，如图 6-100 所示。

图 6-97

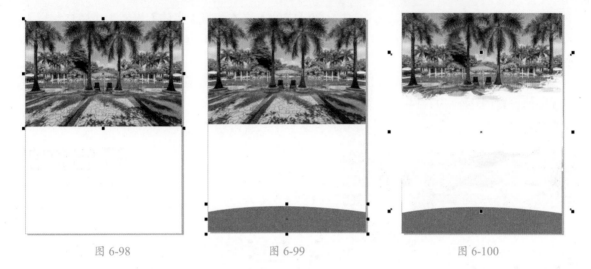

<table>
<tr><td>图 6-98</td><td>图 6-99</td><td>图 6-100</td></tr>
</table>

（4）选中工具箱中的【文本工具】字，在绘图区中输入文本，将【字体】设置为【微软雅黑】，字体大小设置为 26pt，将字体填充色设置为黑色，如图 6-101 所示。

（5）继续使用文本工具，在绘图区中输入如图 6-102 所示的文本，将【字体】设置为【方正魏碑简体】，字体大小设置为 18pt，将字体填充色设置为黑色。

图 6-101　　　　　　　　　图 6-102

（6）选中工具箱中的【贝塞尔工具】，在绘图区中绘制如图 6-103 所示的图形，将填充色的 CMYK 值设置为 74、29、14、0。

图 6-103

（7）选中工具箱中的文本工具，在绘图区中输入文本，将【字体】设置为【微软雅黑】，字体大小设置为20pt，单击【粗体】按钮，将填充色的CMYK值设置为74、29、14、0，如图6-104所示。

（8）选中工具箱中的贝塞尔工具，在绘图区中绘制如图6-105所示的图形，将填充色的CMYK值设置为74、29、14、0，取消轮廓色。

图 6-104   图 6-105

（9）选中工具箱中的文本工具，在绘图区中按住鼠标左键并拖曳出一个适当大小的文本框，输入如图6-106所示的文本，将【字体】设置为【微软雅黑】，字体大小设置为10pt，【行间距】设置为102%，将字体填充色设置为黑色。

（10）使用同样的方法输入其他文本并绘制图形，效果如图6-107所示。

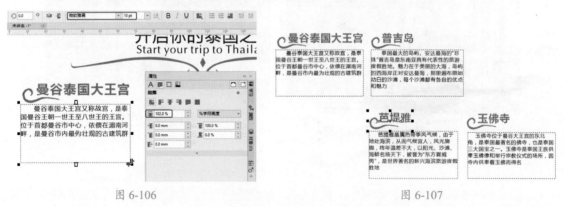

图 6-106   图 6-107

（11）选中工具箱中的【矩形工具】□，在绘图区中绘制矩形，将【宽度】、【高度】分别设置为52.8mm、32mm，将填充色设置为白色，取消轮廓色。选中工具箱中的阴影工具，选择【预设】下拉列表框中的【小型辉光】选项，将阴影的不透明度设置为27，阴影羽化设置为20，左键单击并拖曳进行调整，如图6-108所示。

（12）选中工具箱中的矩形工具，在绘图区中绘制矩形，将【宽度】、【高度】分别设置为50mm、30mm，将填充色设置为任意，取消轮廓色。打开素材 \Cha06\ 旅游 8.cdr 文件，将其复制并粘贴至绘图区中，调整至合适的位置，并将其置于文本框内部，如图6-109所示。

图 6-108　　　　　　　　　　　图 6-109

（13）将矩形和图片的旋转设置为 18°，打开素材 \Cha06\ 旅游 9.cdr 文件，将其复制并粘贴至绘图区中，调整至合适的位置，其他操作同上，效果如图 6-110 所示。

（14）选中工具箱中的文本工具，在绘图区中单击并拖曳出一个适当大小的文本框，输入如图 6-111 所示的文本，将【字体】设置为【微软雅黑】，字体大小设置为 9pt，【行间距】设置为 130%，将字体填充色设置为白色。

图 6-110　　　　　　　　　　　图 6-111

（15）选中工具箱中的文本工具，在绘图区中输入如图 6-112 所示的文本，将【字体】设置为【微软雅黑】，字体大小设置为 10pt，将字体填充色设置为白色。

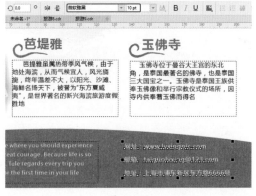

图 6-112

Chapter

07

画册设计

本章导读:

　　画册是一个展示平台，可以是企业，也可以是个人，都可以成为画册的拥有者。画册设计可以用流畅的线条、和谐的图片或优美文字，组合成一本富有创意，又具有可读、可赏性的精美画册。全方位立体展示企业或个人的风貌、理念，宣传产品、品牌形象。

案例精讲 065　制作旅游画册封面

　　旅游宣传册是旅游经营商所提供的一次旅游、度假或旅行安排等具体内容的出版物。其主要用途是激发人们对其所宣传产品的购买兴趣并提供必要的信息。本案例将介绍旅游画册封面的制作，效果如图 7-1 所示。

　　（1）启动软件后，按 Ctrl+N 组合键，弹出【新建文档】对话框，将【宽度】、【高度】分别设置为 420 mm、285 mm，【原色模式】设置为 CMYK，单击 OK 按钮。选中工具箱中的【矩形工具】□，在绘图区中绘制矩形，

图 7-1

将宽度、高度分别设置为 210mm、285mm，按 Shift+F11 组合键，在弹出的对话框中将填充色的 CMYK 值设置为 0、0、0、10，取消轮廓色，如图 7-2 所示。

　　（2）选中工具箱中的【文本工具】字，在绘图区中输入文本"旧金山旅游画册"，将【字体】设置为【汉仪菱心体简】，【字体大小】设置为 52pt，按 Shift+F11 组合键，在弹出的对话框中将填充色的 CMYK 值设置为 79、36、0、0，如图 7-3 所示。

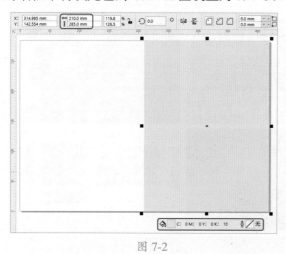

图 7-2

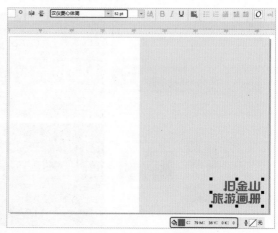

图 7-3

　　（3）打开素材 \Cha07\ 旅游 1.cdr 文件，将其复制并粘贴至绘图区中，调整至合适的位置，如图 7-4 所示。

　　（4）选中工具箱中的矩形工具，在绘图区中绘制如图 7-5 所示的三个矩形，按 Shift+F11 组合键，在弹出的对话框中将上方矩形填充色的 CMYK 值设置为 85、52、0、0，将中间和下方矩形填充色的 CMYK 值设置为 51、13、0、0，取消轮廓色。

　　（5）打开素材 \Cha07\ 旅游 2.cdr 文件，将其复制并粘贴至绘图区中，调整至合适的位置，如图 7-6 所示。

图 7-4　　　　　　　图 7-5　　　　　　　　　图 7-6

（6）选中工具箱中的矩形工具，在绘图区中绘制矩形，将宽度、高度分别设置为210mm、60mm，按 Shift+F11 组合键，在弹出的对话框中将填充色的 CMYK 值设置为 70、0、0、0，取消轮廓色。选中工具箱中的透明度工具，单击属性栏中的【均匀透明度】按钮，将【透明度】设置为 30，如图 7-7 所示。

（7）选中工具箱中的文本工具，在绘图区中输入文本"北京追梦旅游有限公司"，将【字体】设置为【微软雅黑】，字体大小设置为 20pt，将字体填充色和轮廓色都设置为白色，如图 7-8 所示。

图 7-7　　　　　　　　　　　　　　图 7-8

（8）选中工具箱中的【文本工具】，在绘图区中输入文本"BEIJING ZHUIMENG"，将【字体】设置为 Dutch801 Rm BT，字体大小设置为 18.5pt，将字体填充色和轮廓色都设置为白色，如图 7-9 所示。

（9）选中工具箱中的文本工具，在绘图区中输入如图 7-10 所示的文本，将【字体】设置为【微软雅黑】，字体大小设置为 10pt，将字体填充色和轮廓色都设置为白色。

（10）打开素材 \Cha07\ 旅游 3.cdr 文件，将其复制并粘贴至绘图区中，调整至合适的位置，如图 7-11 所示。

（11）选中工具箱中的文本工具，在绘图区中输入文本"扫一扫""发现更多旅游资讯"，将【字体】设置为【微软雅黑】，字体大小设置为 10pt，将字体填充色和轮廓色都设置为白色，如图 7-12 所示。

图 7-9

图 7-10

图 7-11

图 7-12

案例精讲 066　制作旅游画册内页

封面制作完成后，本案例将介绍旅游画册内页的制作，效果如图 7-13 所示。

（1）启动软件后，按 Ctrl+N 组合键，弹出【新建文档】对话框，将【宽度】、【高度】分别设置为 420 mm、285 mm，【原色模式】设置为 CMYK，单击 OK 按钮。在工具箱中选中矩形工具，在绘图区中绘制矩形，将宽度、高度分别设置为 210mm、285mm，按 Shift+F11 组合键，在弹出的对话框中将填充色的 CMYK 值设置为 0、0、0、10，取消轮廓色，如图 7-14 所示。

图 7-13

（2）选中工具箱中的矩形工具，在绘图区中绘制矩形，将【宽度】、【高度】分别设置为 185mm、185mm，将填充色设置为黑色，取消轮廓色，如图 7-15 所示。

（3）选中工具箱中的矩形工具，在绘图区中绘制两个如图 7-16 所示的矩形，任意设置填充色，取消轮廓色，将其调整至合适的位置。

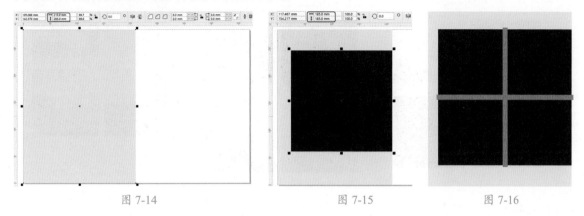

图 7-14　　　　　　　　　图 7-15　　　　　　　　　图 7-16

（4）选中工具箱中的矩形工具，在绘图区中绘制一个适当大小的正方形，任意设置填充色，取消轮廓色，按 Alt+F8 组合键，在弹出的【变换】泊坞窗中将旋转的【角度】设置为45，单击【应用】按钮，如图 7-17 所示。

（5）选中工具箱中的选择工具，按住 Shift 键选择小正方形和两个矩形，右键单击，在弹出的快捷菜单中选择【组合】命令，再按住 Shift 键选择大正方形，单击属性栏中的【移除前面对象】按钮，按 Ctrl+K 组合键将图形分成四个独立的部分，效果如图 7-18 所示。

（6）选中工具箱中的【椭圆形工具】，在绘图区中绘制圆形，将【宽度】、【高度】都设置为16mm，按 Shift+F11 组合键，在弹出的对话框中将填充色的 CMYK 值设置为100、0、0、0，取消轮廓色，如图 7-19 所示。

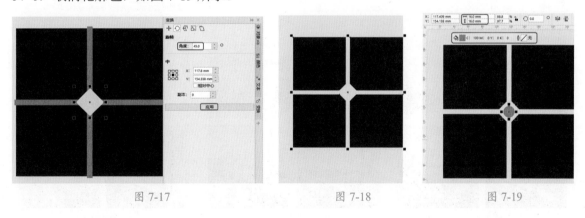

图 7-17　　　　　　　　　图 7-18　　　　　　　　　图 7-19

（7）打开素材 \Cha07\ 旅游 4.cdr 文件，将其复制并粘贴至绘图区中，调整至右上角图形的后面，选择菜单栏中的【对象】|PowerClip|【置于图文框内部】命令，效果如图 7-20所示。

（8）打开素材 \Cha07\ 旅游 5.cdr、旅游 6.cdr 文件，将其复制并粘贴至绘图区中，使用同样的方法将其置于图文框内部，效果如图 7-21 所示。

（9）选中工具箱中的选择工具，选择左上角的图形，按 Shift+F11 组合键，在弹出的对话框中将填充色的 CMYK 值设置为 100、0、0、0，取消轮廓色，如图 7-22 所示。

图 7-20   图 7-21   图 7-22

（10）选中工具箱中的文本工具，在绘图区中输入文本"ABOUT"，将【字体】设置为【方正大黑简体】，字体大小设置为 56pt，将字体填充色设置为白色，如图 7-23 所示。

（11）选中工具箱中的文本工具，在绘图区中输入文本"ATTRACTIONS"，将【字体】设置为 Arial，字体大小设置为 27pt，单击【粗体】按钮 B，将字体填充色设置为白色，如图 7-24 所示。

（12）选中工具箱中的文本工具，在绘图区中输入如图 7-25 所示的文本，将【字体】设置为【微软雅黑】，字体大小设置为 24pt，单击【粗体】按钮，将字体填充色设置为白色。

图 7-23   图 7-24   图 7-25

（13）选中工具箱中的矩形工具，在绘图区中绘制如图 7-26 所示的三个矩形，按 Shift+F11 组合键，在弹出的对话框中将上方和下方矩形填充色的 CMYK 值设置为 100、0、0、0，将中间矩形的 CMYK 值设置为 40、0、0、0。

（14）选中工具箱中的文本工具，在绘图区中输入如图 7-27 所示的文本，将【字体】设置为【微软雅黑】，字体大小设置为 24pt，在【文本】泊坞窗中将【字符间距】设置为 -5%，将字体填充色的 CMYK 值设置为 40、0、0、0。

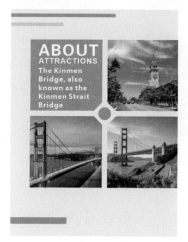

图 7-26　　　　　　　　　　　　　　　　　　　图 7-27

（15）选中工具箱中的【矩形工具】□，在绘图区中绘制矩形，将【宽度】、【高度】分别设置为 210mm、285mm，按 Shift+F11 组合键，在弹出的对话框中将填充色的 CMYK 值设置为 0、0、0、10，取消轮廓色，如图 7-28 所示。

（16）选中工具箱中的文本工具，在绘图区中输入文本"03"，将【字体】设置为"Bernard MT Condensed"，字体大小设置为 120pt，按 Shift+F11 组合键，在弹出的对话框中将字体填充色的 CMYK 值设置为 100、0、0、0，如图 7-29 所示。

图 7-28　　　　　　　　　　　　　　　　　　　图 7-29

（17）选中工具箱中的文本工具，在绘图区中输入文本"旧金山唐人街"，将【字体】设置为【汉仪菱心体简】，字体大小设置为 48pt，按 Shift+F11 组合键，在弹出的对话框中将字体填充色的 CMYK 值设置为 100、0、0、0，如图 7-30 所示。

（18）选中工具箱中的文本工具，在绘图区中输入文本，将【字体】设置为 Arial Black，字体大小设置为 48pt，按 Shift+F11 组合键，在弹出的对话框中将字体填充色的 CMYK 值设置为 40、0、0、0，如图 7-31 所示。

图 7-30   图 7-31

（19）打开素材 \Cha07\ 旅游 7.cdr 文件，将其复制并粘贴至绘图区中，调整至合适的位置，如图 7-32 所示。

（20）选中工具箱中的文本工具，在绘图区中输入文本，将【字体】设置为【经典粗黑简】，字体大小设置为 20pt，按 Shift+F11 组合键，在弹出的对话框中将字体填充色的 CMYK 值设置为 60、0、0、0，如图 7-33 所示。

图 7-32   图 7-33

（21）选中工具箱中的文本工具，在绘图区中绘制一个适当大小的矩形文本框，在文本框中输入如图 7-34 所示的文本，将【字体】设置为【微软雅黑】，字体大小设置为 12pt，将字体填充色设置为黑色。

（22）使用同样的方法输入其他文本并绘制图形，效果如图 7-35 所示。

图 7-34   图 7-35

案例精讲 067　　**制作美食画册封面**

　　美食，顾名思义就是美味的食物，贵的有山珍海味，便宜的有街边小吃。本案例将介绍美食画册封面的设计和制作，效果如图 7-36 所示。

图 7-36

　　（1）启动软件后，按 Ctrl+N 组合键，弹出【新建文档】对话框，将【宽度】、【高度】分别设置为 420 mm、210 mm，【原色模式】设置为 CMYK，单击 OK 按钮。打开素材 \Cha07\ 美食 1.cdr 文件，将其复制并粘贴至绘图区中，调整至合适的位置，如图 7-37 所示。

　　（2）选中工具箱中的矩形工具，在绘图区中绘制矩形，将宽度、高度分别设置为 100mm、112mm，按 Shift+F11 组合键，在弹出的对话框中将填充色的 CMYK 值设置为 5、96、100、0，取消轮廓色。选中工具箱中的透明度工具，单击属性栏中的【均匀透明度】按钮，将【合并模式】设置为【常规】，将【透明度】设置为 20，如图 7-38 所示。

图 7-37

图 7-38

　　（3）选中工具箱中的文本工具，在绘图区中输入文本"GOURMET"，将【字体】设置为 Arial，字体大小设置为 48pt，单击【粗体】按钮，将字体填充色设置为白色，如图 7-39 所示。

　　（4）选中工具箱中的文本工具，在绘图区中输入文本"PARADISE"，将【字体】设置为 Imprint MT Shadow，字体大小设置为 34pt，将字体填充色和轮廓色都设置为白色，如图 7-40 所示。

　　（5）选中工具箱中的文本工具，在绘图区中输入文本"美食天堂"，将【字体】设置为【方正大标宋简体】，字体大小设置为 54pt，将字体填充色和轮廓色都设置为白色，如图 7-41 所示。

图 7-39   图 7-40   图 7-41

（6）选中工具箱中的文本工具，在绘图区中输入文本，将【字体】设置为【方正大标宋简体】，字体大小设置为 14pt，在【文本】泊坞窗中将【字符间距】设置为 30%，将字体填充色和轮廓色都设置为白色，如图 7-42 所示。

（7）选中工具箱中的文本工具，在绘图区中绘制一个适当大小的矩形文本框，在文本框中输入如图 7-43 所示的文本，将【字体】设置为【黑体】，字体大小设置为 10pt，将字体填充色和轮廓色都设置为白色。

（8）选中工具箱中的文本工具，在绘图区中输入文本"DELICIOUS"，将【字体】设置为【方正综艺简体】，字体大小设置为 116pt，将字体填充色设置为白色。选中工具箱中的透明度工具，单击属性栏中的【均匀透明度】按钮，将【合并模式】设置为【常规】，将【透明度】设置为 20，如图 7-44 所示。

图 7-42   图 7-43   图 7-44

（9）选中工具箱中的【矩形工具】▢，在绘图区中绘制矩形，将【宽度】、【高度】都设置为 210mm，按 Shift+F11 组合键，在弹出的对话框中将填充色的 CMYK 值设置为 5、96、100、0，取消轮廓色，如图 7-45 所示。

（10）打开素材 \Cha07\ 美食 2.cdr 文件，将其复制并粘贴至绘图区中，调整至合适的位置，如图 7-46 所示。

（11）选中工具箱中的文本工具，在绘图区中输入文本"扫一扫""了解更多美食"，将【字体】设置为【方正粗宋简体】，字体大小设置为 18pt，将字体填充色设置为白色，如图 7-47 所示。

（12）选中工具箱中的椭圆形工具，在绘图区中绘制三个圆形，将【宽度】、【高度】都设置为 15mm，将填充色设置为白色，取消轮廓色，如图 7-48 所示。

图 7-45

图 7-46

图 7-47

图 7-48

（13）打开素材 \Cha07\ 美食 3.cdr 文件，将其复制并粘贴至绘图区中，调整至合适的位置，如图 7-49 所示。

（14）选中工具箱中的文本工具，在绘图区中输入如图 7-50 所示的文本，将【字体】设置为【方正综艺简体】，将汉字的字体大小设置为 9pt，将数字和英文的字体大小设置为 10pt，将字体填充色设置为白色。

图 7-49

图 7-50

案例精讲 068　制作美食画册内页

封面制作完成后，本案例将介绍美食画册内页的设计和制作，效果如图 7-51 所示。

（1）启动软件后，按 Ctrl+N 组合键，弹出【新建文档】对话框，将【宽度】、【高度】分别设置为 420mm、210mm，【原色模式】设置为 CMYK，单击 OK 按钮。打开素材 \Cha07\ 美食 4.cdr 文件，将其复制并粘贴至绘图区中，调整至合适的位置，如图 7-52 所示。

图 7-51

（2）选中工具箱中的【矩形工具】□，在绘图区中绘制矩形，将【宽度】、【高度】分别设置为 71mm、110mm，按 Shift+F11 组合键，在弹出的对话框中将填充色的 CMYK 值设置为 0、100、100、0，取消轮廓色。选中工具箱中的透明度工具，单击属性栏中的【均匀透明度】按钮，将【透明度】设置为 35，如图 7-53 所示。

图 7-52

图 7-53

（3）选中工具箱中的文本工具，在绘图区中左键单击并拖曳出一个适当大小的矩形文本框，输入如图 7-54 所示的文本，将【字体】设置为 Arial，字体大小设置为 16pt，在【文本】泊坞窗中将【行间距】设置为 130%，【字符间距】设置为 35%，将字体填充色和轮廓色都设置为白色。

（4）选中工具箱中的钢笔工具，在绘图区中按住 Shift 键绘制三条垂直的线段，取消填充色，将轮廓色设置为白色，将轮廓宽度设置为 0.2mm，如图 7-55 所示。

（5）选中工具箱中的文本工具，在绘图区中输入如图 7-56 所示的文本，将【字体】设置为 Arial，字体大小设置为 30pt，单击【粗体】按钮，将字体填充色和轮廓色都设置为白色。

图 7-54

图 7-55

图 7-56

（6）选中工具箱中的选择工具，选择上一步输入的文本，按 Alt+F8 组合键弹出【变换】泊坞窗，将旋转的【角度】设置为 –90，单击【应用】按钮，效果如图 7-57 所示。

（7）选中工具箱中的椭圆形工具，在绘图区中绘制若干个圆形，将宽度、高度都设置为 4.8mm，将其调整至合适的位置，使其等距垂直排列，如图 7-58 所示。

图 7-57

图 7-58

案例精讲 069　制作酒店画册封面

商务酒店主要以接待从事商务活动的客人为主，是为商务活动服务的，这类客人对酒店的地理位置要求较高，要求酒店靠近城区或商业中心区。本案例将介绍酒店画册封面的设计和制作，效果如图 7-59 所示。

图 7-59

（1）启动软件后，按 Ctrl+N 组合键，弹出【新建文档】对话框，将【宽度】、【高度】分别设置为 420mm、285mm，【原色模式】设置为 CMYK，单击 OK 按钮。选中工具箱中的钢笔工具，在绘图区中绘制如图 7-60 所示的图形，按 Shift+F11 组合键，在弹出的对话框中将填充色的 CMYK 值设置为 37、100、100、3，取消轮廓色。

（2）选中工具箱中的钢笔工具，在绘图区中绘制如图 7-61 所示的图形，按 Shift+F11 组合键，在弹出的对话框中将填充色的 CMYK 值设置为 6、95、87、0，取消轮廓色。

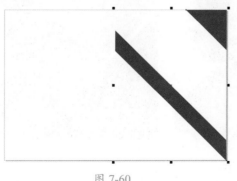

图 7-60

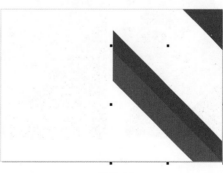

图 7-61

（3）选中工具箱中的钢笔工具，在绘图区中绘制如图 7-62 所示的三角形，按 Shift+F11 组合键，在弹出的对话框中将填充色的 CMYK 值设置为 79、73、71、45，取消轮廓色。

（4）选中工具箱中的椭圆形工具，在绘图区中绘制两个正圆，将大圆的宽度、高度都设置为 146mm，将小圆的宽度、高度都设置为 94mm，将填充色设置为白色，取消轮廓色，如图 7-63 所示。

（5）选中工具箱中的椭圆形工具，在绘图区中再绘制两个正圆，将大圆的宽度、高度都设置为 135mm，将小圆的宽度、高度都设置为 85mm，将填充色设置为白色，取消轮廓色，如图 7-64 所示。

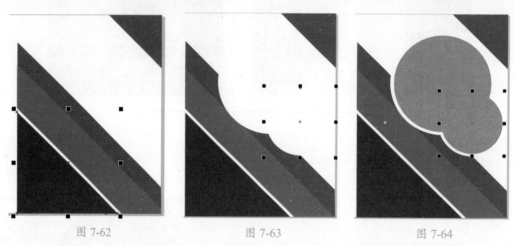

| 图 7-62 | 图 7-63 | 图 7-64 |

（6）打开素材 \Cha07\ 酒店 1.cdr、酒店 2.cdr 文件，将其复制并粘贴至绘图区中，调整至合适的位置，使用前面介绍的方法将其置于图文框内部，调整四个圆形之间的前后顺序，效果如图 7-65 所示。

（7）选中工具箱中的文本工具，在绘图区中输入文本，将【字体】设置为【华文隶书】，字体大小设置为 44pt，将字体填充色设置为白色，如图 7-66 所示。

（8）选中工具箱中的文本工具，在绘图区中输入文本，将【字体】设置为 Baskerville Old Face，字体大小设置为 26pt，将字体填充色设置为白色，如图 7-67 所示。

| 图 7-65 | 图 7-66 | 图 7-67 |

（9）选中工具箱中的矩形工具，在绘图区中绘制矩形，将【宽度】、【高度】分别设置为 210mm、285mm，按 Shift+F11 组合键，在弹出的对话框中将填充色的 CMYK 值设置为23、100、100、0，取消轮廓色，如图 7-68 所示。

（10）打开素材 \Cha07\ 酒店 3.cdr 文件，将其复制并粘贴至绘图区中，调整至合适的位置，如图 7-69 所示。

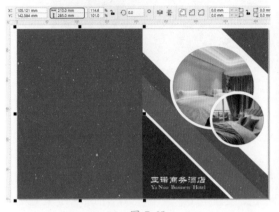

图 7-68

图 7-69

（11）打开素材 \Cha07\ 酒店 4.cdr 文件，将其复制并粘贴至绘图区中，调整至合适的位置，如图 7-70 所示。

（12）选中工具箱中的文本工具，在绘图区中输入文本，将【字体】设置为【创意简老宋】，字体大小设置为 21pt，将字体填充色设置为白色，如图 7-71 所示。

图 7-70

图 7-71

（13）选中工具箱中的文本工具，在绘图区中输入如图 7-72 所示的文本，将【字体】设置为 Myriad Pro，字体大小设置为 14.7pt，单击【粗体】按钮，将字体填充色设置为白色。

（14）选中工具箱中的钢笔工具，在绘图区中绘制如图 7-73 所示的图形，按 Shift+F11组合键，在弹出的对话框中将填充色的 CMYK 值设置为 79、73、71、45，取消轮廓色。

图 7-72   图 7-73

（15）打开素材\Cha07\酒店 5.cdr 文件，将其复制并粘贴至绘图区中，调整至合适的位置，如图 7-74 所示。

（16）选中工具箱中的文本工具，在绘图区中输入文本，将【字体】设置为【汉仪菱心体简】，字体大小设置为 18pt，将字体填充色的 CMYK 设置为 0、0、0、80，轮廓色设置为无，如图 7-75 所示。

图 7-74   图 7-75

案例精讲 070　制作酒店画册内页

封面制作完成后，本案例将介绍酒店画册内页的设计和制作，效果如图 7-76 所示。

（1）启动软件后，按 Ctrl+N 组合键，弹出【新建文档】对话框，将【宽度】、【高度】分别设置为 420 mm、285 mm，【原色模式】设置为 CMYK，单击 OK 按钮。选中工具箱中的【矩形工具】，在绘图区中绘制矩形，将【宽度】、【高度】分别设置为 420mm、285mm，按 Shift+F11 组合键，在弹出的对话

图 7-76

框中将填充色的 CMYK 值设置为 0、0、0、10，取消轮廓色，如图 7-77 所示。

（2）打开素材 \Cha07\ 酒店 5.cdr 文件，将其复制并粘贴至绘图区中，调整至合适的位置，如图 7-78 所示。

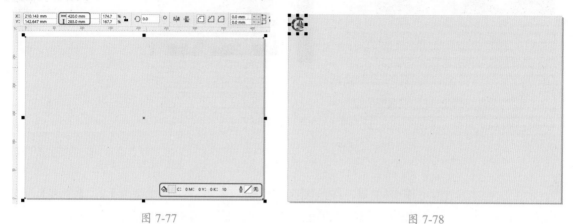

图 7-77   图 7-78

（3）选中工具箱中的文本工具，在绘图区中输入文本，将【字体】设置为 Arial，字体大小设置为 36pt，单击【粗体】按钮和【斜体】按钮，按 Shift+F11 组合键，在弹出的对话框中将字体填充色的 CMYK 值设置为 0、0、0、30，轮廓色设置为无，如图 7-79 所示。

（4）打开素材 \Cha07\ 酒店 6.cdr 文件，将其复制并粘贴至绘图区中，调整至合适的位置，如图 7-80 所示。

图 7-79   图 7-80

（5）选中工具箱中的文本工具，在绘图区中单击并拖曳出一个适当大小的矩形文本框，输入如图 7-81 所示的文本，将【字体】设置为 Arial，字体大小设置为 12pt，将字体填充色设置为黑色。

（6）选中工具箱中的【贝塞尔工具】 ，在绘图区中绘制如图 7-82 所示的三个图形，按 Shift+F11 组合键，在弹出的对话框中将左边和上方图形填充色的 CMYK 值设置为 6、95、87、0，将下方图形的 CMYK 值设置为 100、0、0、0，取消轮廓色。

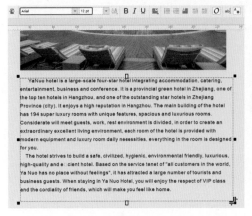
图 7-81

图 7-82

（7）选中工具箱中的矩形工具，在绘图区中绘制两个矩形，将【宽度】、【高度】分别设置为 25mm、12mm，将填充色设置为黑色，取消轮廓色，如图 7-83 所示。

（8）选中工具箱中的文本工具，在绘图区中输入文本"01"、"02"，将【字体】设置为 Arial，字体大小设置为 24pt，将字体填充色设置为白色，如图 7-84 所示。

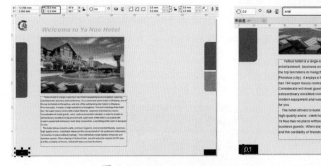
图 7-83

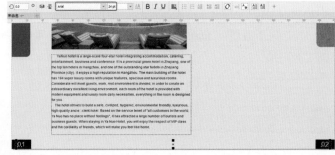
图 7-84

（9）选中工具箱中的矩形工具，在绘图区中绘制矩形，将【宽度】、【高度】分别设置为 117mm、119mm，按 Shift+F11 组合键，在弹出的对话框中将填充色的 CMYK 值设置为 6、95、87、0，取消轮廓色，如图 7-85 所示。

（10）选中工具箱中的文本工具，在绘图区中输入文本"酒店简介"，将【字体】设置为【微软雅黑】，字体大小设置为 24pt，单击【粗体】按钮，将字体填充色设置为白色，如图 7-86 所示。

（11）选中工具箱中的文本工具，在绘图区中输入文本"Hotel profile"，将【字体】设置为 Arial，字体大小设置为 10pt，单击【斜体】按钮 I，将字体填充色设置为白色，如图 7-87 所示。

（12）选中工具箱中的钢笔工具，在绘图区中绘制如图 7-88 所示的图形，将填充色设置为白色，取消轮廓色。

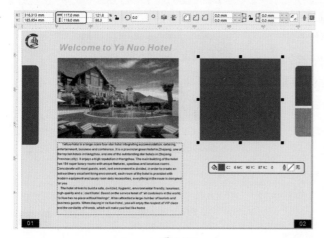

图 7-85

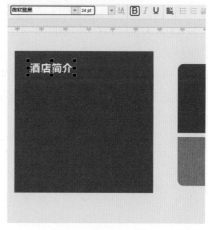

图 7-86

图 7-87

图 7-88

（13）选中工具箱中的文本工具，在绘图区中单击并拖曳出一个适当大小的矩形文本框，输入如图 7-89 所示的文本，将【字体】设置为【微软雅黑】，字体大小设置为 12pt，将字体填充色设置为白色，取消轮廓色。

（14）打开素材 \Cha07\ 酒店 7.cdr、酒店 8.cdr 文件，将其复制并粘贴至绘图区中，调整至合适的位置，如图 7-90 所示。

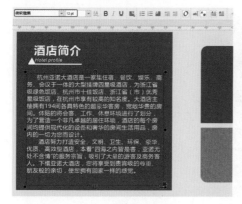

图 7-89

图 7-90

（15）选中工具箱中的文本工具，在绘图区中输入图 7-91 所示的文本，将【字体】设置为【微软雅黑】，字体大小设置为 24pt，按 Shift+F11 组合键，在弹出的对话框中将字体填充色的 CMYK 值设置为 6、95、87、0，取消轮廓色。

图 7-91

案例精讲 071　制作公司画册封面

公司包括有限责任公司和股份有限公司，它是适应市场经济社会化大生产的需要而形成的一种企业组织形式。本案例将介绍公司画册封面的设计和制作，效果如图 7-92 所示。

（1）启动软件后，按 Ctrl+N 组合键，弹出【新建文档】对话框，将【宽度】、【高度】分别设置为 420 mm、285 mm，【原色模式】设置为 CMYK，单击 OK 按钮。选中工具箱中的钢笔工具，在绘图区中绘制如图 7-93 所示的图形，按 Shift+F11 组合键，在弹出的对话框中将填充色的 CMYK 值设置为 96、67、12、0，取消轮廓色。

（2）使用同样的方法绘制其他图形，效果如图 7-94 所示。

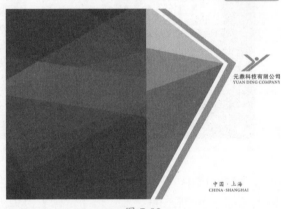

图 7-92

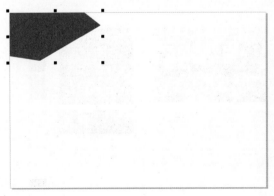

图 7-93

图 7-94

（3）选中工具箱中的钢笔工具，在绘图区中绘制一个如图 7-95 所示的三角形，按 Shift+F11 组合键，在弹出的对话框中将填充色的 CMYK 值设置为 40、0、0、0，取消轮廓色。

（4）选中工具箱中的钢笔工具，在绘图区中绘制一个如图 7-96 所示的三角形，按 Shift+F11 组合键，在弹出的对话框中将填充色的 CMYK 值设置为 73、9、0、0，取消轮廓色。

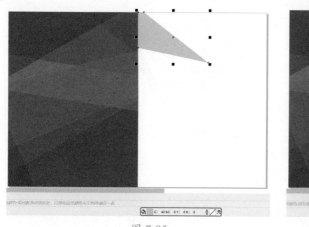

图 7-95   图 7-96

（5）选中工具箱中的钢笔工具，在绘图区中绘制一个如图 7-97 所示的三角形，按 Shift+F11 组合键，在弹出的对话框中将填充色的 CMYK 值设置为 80、33、0、0，取消轮廓色。

（6）选中工具箱中的钢笔工具，在绘图区中绘制一个如图 7-98 所示的图形，按 Shift+F11 组合键，在弹出的对话框中将填充色的 CMYK 值设置为 64、3、100、0，取消轮廓色。

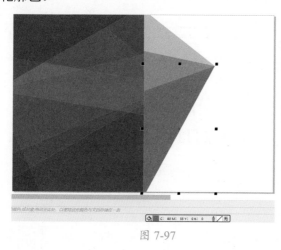
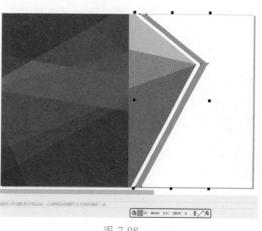

图 7-97   图 7-98

（7）使用工具箱中的钢笔工具和贝塞尔工具，在绘图区中绘制一个如图 7-99 所示的图形，按 Shift+F11 组合键，在弹出的对话框中将填充色的 CMYK 值设置为 73、9、0、0，取消轮廓色。

（8）选中工具箱中的文本工具，在绘图区中输入文本，将【字体】设置为【方正黑体简体】，字体大小设置为24pt，按 Shift+F11 组合键，在弹出的对话框中将字体填充色的 CMYK 值设置为 100、100、0、0，如图 7-100 所示。

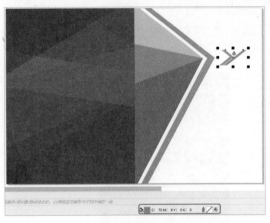

图 7-99　　　　　　　　　　　　　　　图 7-100

（9）选中工具箱中的文本工具，在绘图区中输入文本，将【字体】设置为 Adobe Arabic，字体大小设置为24pt，按 Shift+F11 组合键，在弹出的对话框中将字体填充色的 CMYK 值设置为 100、100、0、0，如图 7-101 所示。

（10）选中工具箱中的文本工具，在绘图区中输入文本，将【字体】设置为【汉仪楷体简】，字体大小设置为24pt，按 Shift+F11 组合键，在弹出的对话框中将字体填充色的 CMYK 值设置为 100、100、0、0，如图 7-102 所示。

（11）选中工具箱中的文本工具，在绘图区中输入文本，将【字体】设置为 Adobe Arabic，字体大小设置为24pt，按 Shift+F11 组合键，在弹出的对话框中将字体填充色的 CMYK 值设置为 100、100、0、0，如图 7-103 所示。

图 7-101　　　　　　　图 7-102　　　　　　　　图 7-103

案例精讲 072　　**制作公司画册内页**

封面制作完成后，本案例将介绍公司画册内页的设计和制作，效果如图 7-104 所示。

（1）启动软件后，按 Ctrl+N 组合键，弹出【新建文档】对话框，将【宽度】、【高度】分别设置为 420 mm、285 mm，【原色模式】设置为 CMYK，单击 OK 按钮。选中工具箱中的【矩形工具】□，在绘图区中绘制两个如图 7-105 所示的矩形，按 Shift+F11 组合键，在弹出的对话框中将填充色的 CMYK 值设置为 85、43、0、0，取消轮廓色。

（2）打开素材 \Cha07\ 公司 1.cdr 文件，将其复制并粘贴至绘图区中，调整至合适的位置，如图 7-106 所示。

图 7-104

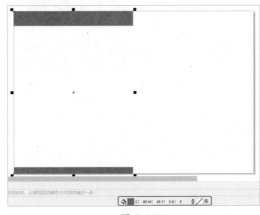

图 7-105

图 7-106

（3）选中工具箱中的文本工具，在绘图区中输入文本"Enterprise"，将【字体】设置为【汉仪圆叠体简】，字体大小设置为 24pt，按 Shift+F11 组合键，在弹出的对话框中将字体填充色的 CMYK 值设置为 85、51、18、4，如图 7-107 所示。

（4）使用工具箱中的钢笔工具和椭圆形工具，在绘图区中绘制如图 7-108 所示的图形，按 Shift+F11 组合键，在弹出的对话框中将填充色的 CMYK 值设置为 85、51、18、4，取消轮廓色。

图 7-107

图 7-108

（5）选中工具箱中的文本工具，在绘图区中输入文本"企业优势"，将【字体】设置为【方正黑体简体】，字体大小设置为 24pt，按 Shift+F11 组合键，在弹出的对话框中将字体填充色的 CMYK 值设置为 85、51、18、4，如图 7-109 所示。

（6）选中工具箱中的文本工具，在绘图区中输入如图 7-110 所示的文本，将【字体】设置为【方正黑体简体】，字体大小设置为 6pt，将字体填充色设置为黑色。

图 7-109　　　　　　　　　　　　　　　图 7-110

（7）选中工具箱中的文本工具，在绘图区中输入如图 7-111 所示的文本，将【字体】设置为【方正黑体简体】，字体大小设置为 20pt，按 Shift+F11 组合键，在弹出的对话框中将字体填充色的 CMYK 值设置为 85、51、18、4。

（8）选中工具箱中的文本工具，在绘图区中输入文本"主要特色"，将【字体】设置为【方正黑体简体】，字体大小设置为 20pt，将字体填充色设置为黑色，如图 7-112 所示。

图 7-111　　　　　　　　　　　　　　　图 7-112

（9）选中工具箱中的文本工具，在绘图区中输入如图 7-113 所示的文本，将【字体】设置为【方正黑体简体】，字体大小设置为 14pt，将字体填充色设置为黑色。

（10）打开素材 \Cha07\ 公司 2.cdr、公司 3.cdr 文件，将其复制并粘贴至绘图区中，调整至合适的位置，如图 7-114 所示。

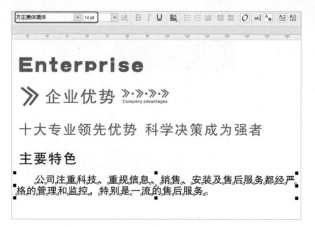

图 7-113　　　　　　　　　　　　　　　　图 7-114

（11）选中工具箱中的矩形工具，在绘图区中绘制两个矩形，按住 Shift 键选择两个矩形，按 F11 键，在弹出的【编辑填充】对话框中将 0% 位置处色块的 CMYK 值设置为 100、96、57、14；在 50% 位置处添加色块，将 CMYK 值设置为 78、30、0、0；将 100% 位置处色块的 CMYK 值设置为 59、9、0、0，轮廓颜色设置为无，如图 7-115 所示。

（12）选中工具箱中的矩形工具，在绘图区中绘制一个矩形，按 F11 键，在弹出的【编辑填充】对话框中将 0% 位置处色块的 CMYK 值设置为 30、23、22、0；在 18% 位置处添加色块，将 CMYK 值设置为 11、10、9、0；在 49% 位置处添加色块，将 CMYK 值设置为 6、5、4、0；将 100% 位置处色块的 CMYK 值设置为 0、0、0、0，轮廓颜色设置为无，如图 7-116 所示。

图 7-115　　　　　　　　　　　　　　　　图 7-116

（13）选择之前绘制的图形和输入的文本，将其复制并粘贴到右边画册合适的位置，对文本进行相应的修改，如图 7-117 所示。

（14）选中工具箱中的文本工具，在绘图区中单击并拖曳出一个适当大小的文本框，输入如图 7-118 所示的文本，将【字体】设置为【方正黑体简体】，字体大小设置为 12pt，将字体填充色设置为黑色。

图 7-117　　　　　　　　　　　　图 7-118

（15）选中工具箱中的文本工具，在绘图区中单击并拖曳出一个适当大小的文本框，输入如图 7-119 所示的文本，将【字体】设置为【方正黑体简体】，字体大小设置为 12pt，将字体填充色设置为黑色。

（16）打开素材 \Cha07\ 公司 4.cdr、公司 5.cdr、公司 6.cdr 文件，将其复制并粘贴至绘图区中，调整至合适的位置，如图 7-120 所示。

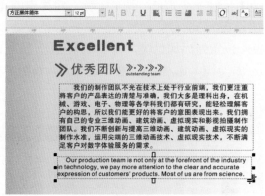

图 7-119

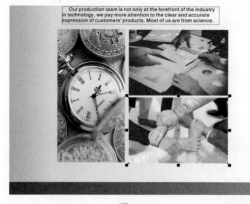

图 7-120

案例精讲 073　制作蛋糕画册内页

蛋糕是一种古老的西点，一般由烤箱烘烤后制成一种像海绵的点心。本案例将介绍蛋糕画册内页的设计和制作，效果如图 7-121 所示。

（1）启动软件后，按 Ctrl+N 组合键，弹出【新建文档】对话框，将【宽度】、【高度】分别设置为 420mm、285mm，【原色模式】设置为 CMYK，单击 OK 按钮。选中工具箱中的矩形工具，在绘图区中绘制矩形，将宽度、高度分别设

图 7-121

置为 210mm、285mm，按 Shift+F11 组合键，在弹出的对话框中将填充色的 CMYK 值设置为 0、71、54、0，取消轮廓色。选中工具箱中的文本工具，在绘图区中输入文本"TASTY CUPCAKE"，将【字体】设置为【方正粗活意繁体】，字体大小设置为 30pt，将字体填充色设置为白色，如图 7-122 所示。

（2）选中工具箱中的文本工具，在绘图区中输入文本"美味蛋糕烘焙目录"，将【字体】设置为【方正粗活意繁体】，字体大小设置为 51pt，将字体填充色设置为白色，如图 7-123 所示。

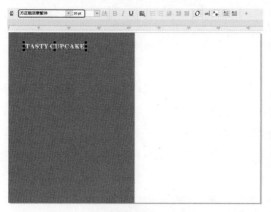

图 7-122

图 7-123

（3）选中工具箱中的钢笔工具，在绘图区中绘制多条线段，将填充色设置为无，轮廓色设置为白色，将轮廓宽度设置为 8px，效果如图 7-124 所示。

（4）选中工具箱中的文本工具，在绘图区中输入如图 7-125 所示的文本，将【字体】设置为【华文新魏】，字体大小设置为 17pt，将字体填充色设置为白色。

图 7-124

图 7-125

（5）选中工具箱中的【钢笔工具】 ，在绘图区中绘制如图 7-126 所示的图形，取消填充色，将轮廓色设置为白色，将轮廓宽度设置为 24px。

（6）选中工具箱中的选择工具，选择上一步绘制的图形，将其调整至合适的位置，如图 7-127 所示。

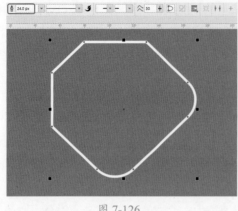

图 7-126   图 7-127

（7）选中工具箱中的钢笔工具，在绘图区中绘制若干如图 7-128 所示的图形，将填充色设置为白色，取消轮廓色，按 Ctrl+G 组合键将其编组。选中工具箱中的透明度工具，单击属性栏中的【均匀透明度】按钮，将【透明度】设置为 50。

（8）选中工具箱中的钢笔工具，在绘图区中绘制一个如图 7-129 所示的图形，将填充色设置为白色，取消轮廓色。

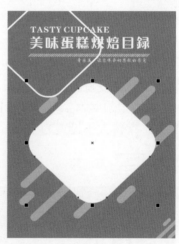

图 7-128   图 7-129

（9）将上一步绘制的图形以中心缩小并复制，打开素材 \Cha07\ 蛋糕 1.cdr 文件，将其复制并粘贴至绘图区中，调整至合适的位置，将其置入图文框内部，如图 7-130 所示。

（10）选中工具箱中的矩形工具，在绘图区中绘制矩形，将【宽度】、【高度】分别设置为 210mm、275mm，按 Shift+F11 组合键，在弹出的对话框中将填充色的 CMYK 值设置为 0、71、54、0，取消轮廓色，如图 7-131 所示。

（11）选中工具箱中的钢笔工具，在绘图区中绘制并复制出若干如图 7-132 所示的图形，将填充色设置为白色，取消轮廓色。选中工具箱中的透明度工具，单击属性栏中的【均匀透明度】按钮，将【透明度】设置为 50。

（12）打开素材 \Cha07\ 蛋糕 2.cdr 文件，将其复制并粘贴至绘图区中，调整至合适的位置，如图 7-133 所示。

图 7-130 图 7-131

图 7-132 图 7-133

（13）选中工具箱中的钢笔工具，在绘图区中绘制如图 7-134 所示的图形，按 Shift+F11 组合键，在弹出的对话框中将填充色的 CMYK 值设置为 0、71、54、0，取消轮廓色。选中工具箱中的透明度工具，单击属性栏中的【均匀透明度】按钮，将【透明度】设置为 17。

（14）选中工具箱中的文本工具，在绘图区中输入文本"烘焙目录"，将【字体】设置为【方正行楷简体】，字体大小设置为 54pt，将字体填充色设置为白色，取消轮廓色，如图 7-135 所示。

图 7-134 图 7-135

（15）打开素材\Cha07\蛋糕3.cdr文件，将其复制并粘贴至绘图区中，调整至合适的位置，如图7-136所示。

（16）选中工具箱中的文本工具，在绘图区中输入文本"DESIGN ENTERPRISE"，将【字体】设置为【方正大黑简体】，将左边文本的字体大小设置为35pt，将右边文本的字体大小设置为21pt，将字体填充色设置为白色，如图7-137所示。

图7-136　　　　　　　　　　　　　　图7-137

（17）打开素材\Cha07\蛋糕4.cdr文件，将其复制并粘贴至绘图区中，调整至合适的位置，如图7-138所示。

（18）使用工具箱中的文本工具、钢笔工具在绘图区中绘制出目录，将填充色设置为白色，取消轮廓色，如图7-139所示。

（19）使用工具箱中的矩形工具、文本工具，在绘图区中绘制页边角的其他图形和文本，完成后的效果如图7-140所示。

图7-138　　　　　　　　　图7-139　　　　　　　　图7-140

案例精讲 074　　制作企业画册内页

　　企业是指以盈利为目的，运用各种生产要素向市场提供商品或服务，实行自主经营、自负盈亏、独立核算的法人或其他社会经济组织。本案例将介绍企业画册内页的设计和制作，效果如图 7-141 所示。

（1）启动软件后，按 Ctrl+N 组合键，弹出【新建文档】对话框，将【宽度】、【高度】分别设置为 420 mm、285 mm，【原色模式】设置为 CMYK，单击 OK 按钮。选中工具箱中的【矩形工具】，在绘图区中绘制矩形，将宽度、高度分别设置为 420mm、285mm，按 Shift+F11 组合键，在弹出的对话框中将填充色的 CMYK 值设置为 85、52、60、6，取消轮廓色，如图 7-142 所示。

图 7-141

（2）选中工具箱中的矩形工具，在绘图区中绘制矩形，将【宽度】、【高度】分别设置为 200mm、260mm，将填充色设置为白色，取消轮廓色，如图 7-143 所示。

图 7-142

图 7-143

（3）选中工具箱中的文本工具，在绘图区中输入文本"ABOUT"，将【字体】设置为"Dutch801 XBd BT"，字体大小设置为 27pt，将字体填充色设置为黑色，如图 7-144 所示。

（4）选中工具箱中的文本工具，在绘图区中输入文本，将【字体】设置为【汉仪粗圆简】，字体大小设置为 15pt，将字体填充色设置为黑色，如图 7-145 所示。

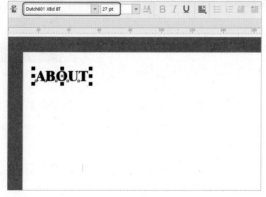

图 7-144

图 7-145

（5）选中工具箱中的矩形工具，在绘图区中绘制矩形，将【宽度】、【高度】分别设置为 185mm、67mm，按 Shift+F11 组合键，在弹出的对话框中将填充色的 CMYK 值设置为85、52、60、6，取消轮廓色，如图 7-146 所示。

（6）选中工具箱中的矩形工具，在绘图区中绘制矩形，将【宽度】、【高度】分别设置为 125mm、8mm，按 Shift+F11 组合键，在弹出的对话框中将填充色的 CMYK 值设置为 42、0、84、0，取消轮廓色，如图 7-147 所示。

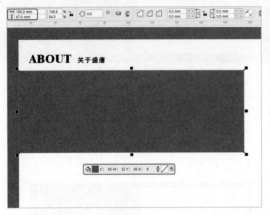
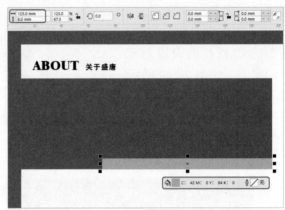

图 7-146   图 7-147

（7）选中工具箱中的文本工具，在绘图区中输入文本"企业简介"，将【字体】设置为【汉仪中黑简】，字体大小设置为 20pt，将字体填充色设置为白色，如图 7-148 所示。

（8）选中工具箱中的文本工具，在绘图区中单击并拖曳出一个适当大小的文本框，输入如图 7-149 所示的文本，将【字体】设置为【方正楷体简体】，字体大小设置为 12pt，在【文本】泊坞窗中将【行间距】设置为 125%，将字体填充色设置为白色。

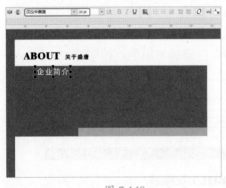

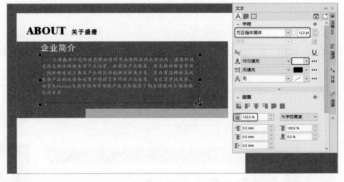

图 7-148   图 7-149

（9）选中工具箱中的矩形工具，在绘图区中绘制矩形，将【宽度】、【高度】分别设置为 60mm、15mm，按 Shift+F11 组合键，在弹出的对话框中将填充色的 CMYK 值设置为 42、0、84、0，取消轮廓色，如图 7-150 所示。

（10）选中工具箱中的文本工具，在绘图区中输入文本"企业文化"，将【字体】设置为【汉仪中黑简】，字体大小设置为 20pt，将字体填充色设置为白色，如图 7-151 所示。

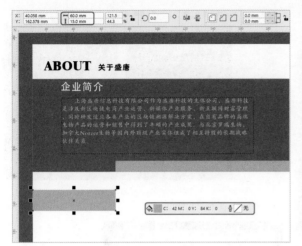

图 7-150

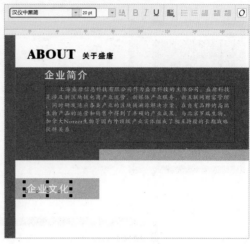

图 7-151

（11）选中工具箱中的文本工具，在绘图区中输入如图 7-152 所示的文本，将【字体】设置为【汉仪魏碑简】，字体大小设置为 12pt，将字体填充色设置为黑色。

（12）选中工具箱中的文本工具，在绘图区中单击并拖曳出四个适当大小的文本框，输入如图 7-153 所示的文本，将【字体】设置为【方正楷体简体】，字体大小设置为 12pt，将字体填充色设置为黑色。

图 7-152

图 7-153

（13）使用矩形工具在绘图区中绘制一个矩形，将【宽度】、【高度】分别设置为 35mm、285mm，按 F11 键，在弹出的对话框中将 0% 位置处色块的 CMYK 值设置为 13、11、10、0，将 100% 位置处色块的 CMYK 值设置为 40、32、31、0，如图 7-154 所示。

（14）选中工具箱中的透明度工具，单击【渐变透明度】按钮，然后使用工具箱中的透明度工具进行调整，如图 7-155 所示。

（15）打开素材\Cha07\企业 1.cdr 文件，将其复制并粘贴至绘图区中，调整至合适的位置，如图 7-156 所示。

图 7-154

图 7-155

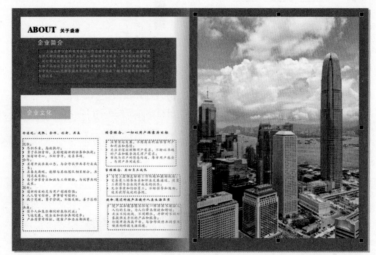

图 7-156

折页设计

本章导读:

折页是以一个完整的宣传形式,针对销售季节或流行期,针对有关企业和人员,针对展销会、洽谈会,针对购买货物的消费者进行邮寄、分发、赠送,以扩大企业、商品的知名度,推销产品和加强购买者对商品的了解,强化广告的效用。

案例精讲 075 　　**制作企业折页正面**

　　宣传折页具有针对性、独立性和整体性的特点，在工商界广泛应用。本节将介绍如何制作企业三折页，首先通过钢笔工具制作出企业折页的背景效果，然后导入素材文件，再通过【PowerClip 内部】命令美化折页，最后使用文本工具、钢笔工具制作折页的其他内容，效果如图 8-1 所示。

图 8-1

　　（1）按 Ctrl+N 组合键，在弹出的对话框中设置名称，将【单位】设置为毫米，将【宽度】和【高度】分别设置为 297mm、210mm，将【原色模式】设置为 RGB，单击 OK 按钮，在工具箱中选中【矩形工具】□，绘制大小为 297mm、210mm 的矩形对象作为折页背景，将填充色的 RGB 值设置为 239、239、239，轮廓色设置为无，如图 8-2 所示。

　　（2）在工具箱中选中【钢笔工具】◊，在绘图区中绘制图形，将填充色的 RGB 值设置为 213、21、25，轮廓色设置为无，如图 8-3 所示。

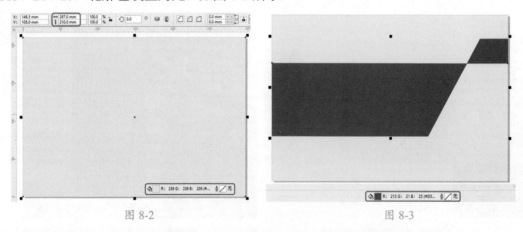

图 8-2　　　　　　　　　　　　　　　　　　　图 8-3

　　（3）在菜单栏中选择【文件】|【导入】命令，弹出【导入】对话框，选择素材 \Cha08\ 企业素材 1.jpg 文件，单击【导入】按钮，拖曳鼠标进行绘制并调整素材的大小及位置，如图 8-4 所示。

　　（4）在工具箱中选中【钢笔工具】◊，在绘图区中绘制图形，将填充色设置为黑色，轮廓色设置为无，如图 8-5 所示。

　　（5）选择置入的"企业素材 1.jpg"素材，右击鼠标，在弹出的快捷菜单中选择【PowerClip 内部】命令，在黑色图形上单击鼠标，效果如图 8-6 所示。

　　（6）在工具箱中选中【矩形工具】□，绘制大小为 99mm、56.5 mm 的矩形对象，将填充色的 RGB 值设置为 51、44、43，轮廓色设置为无，如图 8-7 所示。

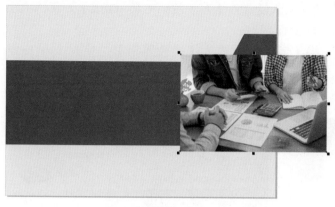

图 8-4

图 8-5

图 8-6

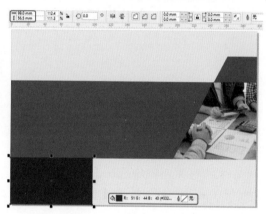

图 8-7

（7）在工具箱中选中【多边形工具】⬡，绘制两个大小为 7mm、8mm 的多边形对象，将【点数】设置为 6，将填充色的 RGB 值设置为 221、35、48，轮廓色设置为无，如图 8-8 所示。

（8）使用【文本工具】字输入文本，在属性栏中将【字体】设置为【微软雅黑】，字体大小设置为 17.8pt，单击【粗体】按钮 B，将填充色的 RGB 值设置为 221、35、48，如图 8-9 所示。

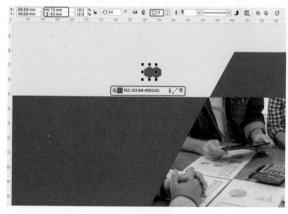

图 8-8

图 8-9

（9）使用文本工具输入文本，将【字体】设置为【方正兰亭中黑 _GBK】，字体大小设置为30pt，将填充色设置为黑色，如图 8-10 所示。

（10）使用文本工具输入文本，将【字体】设置为【微软雅黑】，字体大小设置为31pt，将填充色设置为黑色，如图 8-11 所示。

图 8-10

图 8-11

（11）继续使用文本工具输入其他的文本，分别置入"二维码 .png" "企业素材 2.png"并进行适当的调整，如图 8-12 所示。

（12）在菜单栏中选择【文件】|【导入】命令，弹出【导入】对话框，选择素材 \Cha08\ 企业素材 3.jpg 文件，单击【导入】按钮，在绘图区中调整对象的大小及位置，如图 8-13所示。

图 8-12

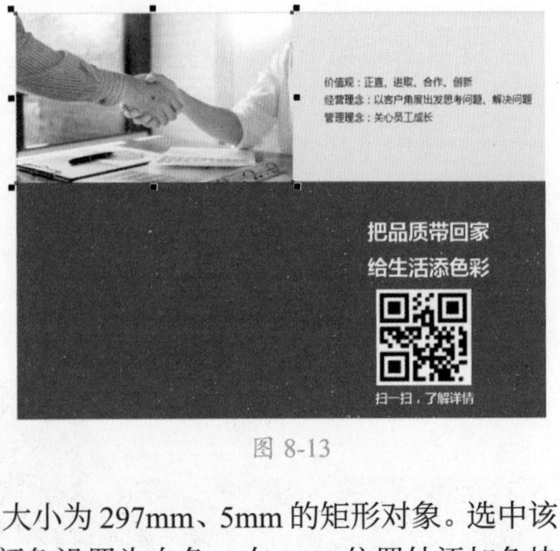

图 8-13

（13）在工具箱中选中【矩形工具】，绘制大小为297mm、5mm的矩形对象。选中该图形，按F11键，在弹出的对话框中将左侧节点的颜色设置为白色；在 24% 位置处添加色块，将颜色设置为白色；在 91% 位置处添加一个色块，将颜色设置为黑色；将 100% 位置处色块的颜色设置为黑色。选中【缠绕填充】复选框，取消选中【自由缩放和倾斜】复选框，将 W设置为 100%，将【旋转】设置为 90°，如图 8-14 所示。

（14）单击 OK 按钮，选中该图形，将轮廓色设置为无，在工具箱中选中【透明度工具】▨，在属性栏中单击【均匀透明度】按钮▣，将【合并模式】设置为【乘】，【透明度】设置为 60，如图 8-15 所示。

图 8-14

图 8-15

（15）使用同样的方法制作如图 8-16 所示的阴影部分。

（16）使用文本工具输入文本，将【字体】设置为【汉仪综艺体简】，字体大小设置为 16pt，将填充色设置为白色，如图 8-17 所示。

图 8-16

图 8-17

（17）使用文本工具输入文本，将【字体】设置为【微软雅黑】，字体大小设置为 14pt，将填充色设置为白色，如图 8-18 所示。

（18）在工具箱中选中矩形工具，绘制大小为 8mm 的白色矩形对象，通过钢笔工具和椭圆形工具绘制如图 8-19 所示的图形，将填充色的 RGB 值设置为 213、21、25，轮廓色设置为无。

（19）使用文本工具输入文本，将【字体】设置为【微软雅黑】，字体大小设置为 10pt，单击【粗体】按钮 B，将填充色设置为白色，如图 8-20 所示。

（20）使用同样的方法制作如图 8-21 所示的其他内容。

图 8-18

图 8-19

图 8-20

图 8-21

案例精讲 076　　**制作企业折页反面**

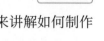

制作完成企业折页正面的内容，反面内容相对来说就比较简单了，下面来讲解如何制作折页反面的内容，效果如图 8-22 所示。

（1）按 Ctrl+O 组合键，打开素材 \Cha08\ 企业折页反面素材 .cdr 文件，如图 8-23 所示。

（2）在菜单栏中选择【文件】|【导入】命令，弹出【导入】对话框，选择素材 \Cha08\ 企业素材 4.jpg 文件，单击【导入】按钮，拖曳鼠标进行绘制并调整素材的大小及位置，如图 8-24 所示。

图 8-22

图 8-23

图 8-24

（3）在工具箱中选中【钢笔工具】 🖋，在绘图区中绘制图形，将填充色设置为白色，轮廓色设置为无，如图 8-25 所示。

（4）选择置入的"企业素材 4.jpg"素材，右击鼠标，在弹出的快捷菜单中选择【PowerClip 内部】命令，在白色图形上单击鼠标，效果如图 8-26 所示。

图 8-25

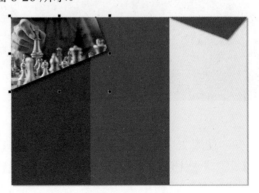

图 8-26

（5）在工具箱中选中钢笔工具，绘制图形，将填充色的 RGB 值设置为 213、21、25，轮廓色设置为无，如图 8-27 所示。

（6）在工具箱中选中【文本工具】字，输入文本，将【字体】设置为【创艺简老宋】，字体大小设置为 25pt，将填充色的 RGB 值设置为 255、255、255，如图 8-28 所示。

图 8-27　　　　　　　　　　　　　　　图 8-28

（7）在工具箱中选中文本工具，输入文本，将【字体】设置为【创艺简老宋】，字体大小设置为 12pt，将填充色的 RGB 值设置为 255、255、255，如图 8-29 所示。

（8）在工具箱中选中文本工具，输入文本，将【字体】设置为【方正黑体简体】，字体大小设置为 9 pt，【行间距】设置为 128%，将填充色的 RGB 值设置为 241、241、241，如图 8-30 所示。

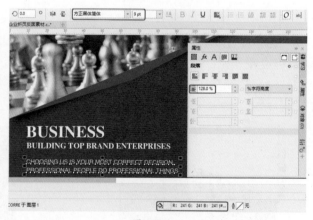

图 8-29　　　　　　　　　　　　　　　图 8-30

（9）使用文本工具输入文本，将【字体】设置为【微软雅黑】，字体大小设置为 20pt，单击【粗体】按钮 B，将填充色的 RGB 值设置为 255、255、255，如图 8-31 所示。

（10）在工具箱中选中文本工具，输入段落文本，将【字体】设置为【微软雅黑】，字体大小设置为 12 pt，在【段落】组中单击【两端对齐】按钮，将【行间距】设置为 158%，将填充色的 RGB 值设置为 255、255、255，如图 8-32 所示。

图 8-31

图 8-32

（11）结合前面介绍的方法，使用文本工具输入其他文本内容，使用矩形工具和钢笔工具绘制出如图 8-33 所示的图标部分内容。

（12）置入"企业素材 5.jpg"文件，使用钢笔工具绘制出三角形，并为素材执行【PowerClip 内部】命令，如图 8-34 所示。

图 8-33

图 8-34

案例精讲 077　　**制作婚庆折页正面**

宣传折页不能像宣传单页那样只有文字没有图片，而且，宣传折页图片占有比较大的比例，这个比例应当控制在 60% ～ 70%，因为当消费者打开折页的时候，关注的重点是图片，而对文字很少顾及。在文字的说明上不仅要有一个好的标题，而且折页的内容要能吸引消费者。下面将介绍如何制作婚庆折页正面，效果如图 8-35 所示。

图 8-35

（1）按 Ctrl+N 组合键，在弹出的对话框中设置名称，将【单位】设置为毫米，将【宽度】和【高度】分别设置为 297mm、210mm，将【原色模式】设置为 RGB，单击 OK 按钮。在工具箱中选中【矩形工具】，绘制大小为 297mm、210mm 的矩形对象，将填充色的 RGB 值设置为 238、238、238，轮廓色设置为无，如图 8-36 所示。

（2）在工具箱中选中【矩形工具】，绘制大小为 99mm、210mm 的矩形对象，将填充色的 RGB 值设置为 229、30、63，轮廓色设置为无，如图 8-37 所示。

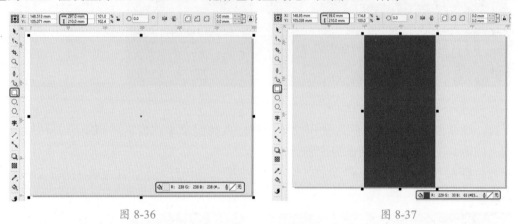

图 8-36   图 8-37

（3）在工具箱中选中矩形工具，绘制两个大小为 67 mm 、4 mm 的矩形对象，将填充色的 RGB 值设置为 229、30、63，轮廓色设置为无，如图 8-38 所示。

（4）在菜单栏中选择【文件】|【导入】命令，弹出【导入】对话框，选择素材 \Cha08\ 婚礼素材 1.jpg 文件，单击【导入】按钮，拖曳鼠标进行绘制并调整素材的大小及位置，如图 8-39 所示。

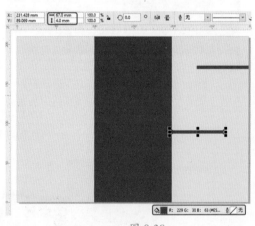

图 8-38   图 8-39

（5）在工具箱中选中矩形工具，绘制两个大小为 32 mm 、4 mm 的矩形对象，将填充色的 RGB 值设置为 210、210、211，轮廓色设置为无，如图 8-40 所示。

（6）在工具箱中选中文本工具，输入文本，将【字体】设置为【方正粗活意简体】，字体大小设置为 30 pt，将填充色的 RGB 值设置为 247、202、196，轮廓色设置为白色，轮廓宽度设置为 0.25mm，如图 8-41 所示。

图 8-40

图 8-41

（7）选择所有的文字，右击鼠标，在弹出的快捷菜单中选择【转换为曲线】命令，使用【形状工具】 调整文本，如图 8-42 所示。

（8）将文字复制一层，将复制后的文本颜色设置为 229、30、63，轮廓色设置为无，根据上面介绍过的方法制作"CEREMONY"艺术字，如图 8-43 所示。

图 8-42

图 8-43

（9）在工具箱中选中【钢笔工具】 ，绘制波浪线，将填充色设置为无，将轮廓色的 RGB 值设置为 229、30、63，如图 8-44 所示。

（10）在工具箱中选中文本工具，输入文本，将【字体】设置为【微软雅黑】，字体大小设置为 16 pt，将填充色的 RGB 值设置为 229、31、63，如图 8-45 所示。

图 8-44

图 8-45

（11）使用钢笔工具绘制如图 8-46 所示的图形，将填充色的 RGB 值设置为 229、30、63，轮廓色设置为无。

（12）使用文本工具和钢笔工具制作其他的文本内容，导入素材 \Cha08\ 二维码 .png 文件，如图 8-47 所示。

图 8-46 图 8-47

（13）导入素材 \Cha08\ 婚礼素材 2.jpg 文件，在工具箱中选中【矩形工具】▢，在绘图区中绘制一个矩形，将对象大小设置为 99mm、76mm，将填充色设置为黑色，轮廓色设置为无，调整其位置，如图 8-48 所示。

（14）选择置入的"婚礼素材 2.jpg"素材，右击鼠标，在弹出的快捷菜单中选择【PowerClip 内部】命令，在黑色矩形上单击鼠标，将轮廓色设置为无，如图 8-49 所示。

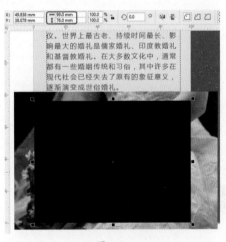

图 8-48 图 8-49

（15）在工具箱中选中矩形工具，在绘图区中绘制两个矩形，将对象大小设置为 2mm、79mm，将填充色设置为红色，轮廓色设置为无，并在绘图区中调整其位置，如图 8-50 所示。

（16）选中如图 8-51 所示的图形和素材，在属性栏中单击【移除前面对象】按钮🖵。

（17）合并后的效果如图 8-52 所示。

图 8-50　　　　　　　　图 8-51　　　　　　　　图 8-52

案例精讲 078　制作婚庆折页反面

婚庆折页反面设计需要体现出婚庆定制的特色服务、主题和婚礼流程内容，婚庆折页反面效果如图 8-53 所示。

图 8-53

（1）按 Ctrl+N 组合键，在弹出的对话框中设置名称，将【单位】设置为毫米，将【宽度】和【高度】分别设置为 297mm、210mm，【原色模式】设置为 RGB，单击 OK 按钮。在工具箱中选中【矩形工具】□，绘制大小为 99mm、210mm 的矩形对象，将填充色的 RGB 值设置为 238、238、238，轮廓色设置为无，如图 8-54 所示。

（2）在菜单栏中选择【文件】|【导入】命令，弹出【导入】对话框，选择素材 \Cha08\ 婚礼素材 3.jpg 文件，单击【导入】按钮，在绘图区中拖曳鼠标进行绘制并调整素材的大小及位置，如图 8-55 所示。

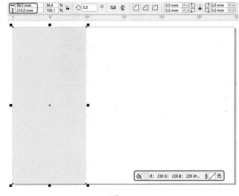

图 8-54

图 8-55

（3）在工具箱中选中【钢笔工具】 ，在绘图区中绘制图形，将填充色设置为黑色，轮廓色设置为无，如图 8-56 所示。

（4）选择置入的"婚礼素材 3.jpg"文件，单击鼠标右键，在弹出的快捷菜单中选择【PowerClip 内部】命令，在黑色图形上单击鼠标，如图 8-57 所示。

图 8-56   图 8-57

（5）使用钢笔工具绘制如图 8-58 所示的线段，将填充色设置为无，轮廓色的 RGB 值设置为 216、46、23，轮廓宽度设置为 0.7mm。

（6）在工具箱中选中文本工具，输入文本，将【字体】设置为【微软雅黑】，字体大小设置为 36 pt，将填充色的 RGB 值设置为 229、44、19，如图 8-59 所示。

图 8-58   图 8-59

（7）在工具箱中选中文本工具，输入文本，将【字体】设置为【微软雅黑】，字体大小设置为 16 pt，将填充色的 RGB 值设置为 229、44、19，如图 8-60 所示。

（8）在工具箱中选中文本工具，输入文本，将【字体】设置为【微软雅黑】，字体大小设置为 9 pt，将填充色的 RGB 值设置为 229、44、19，如图 8-61 所示。

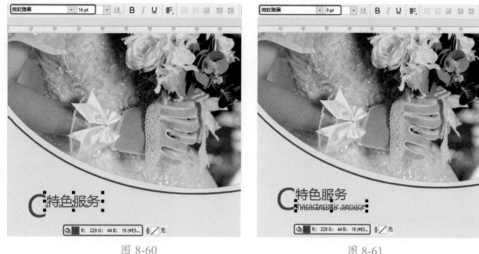

图 8-60   图 8-61

（9）在工具箱中选中文本工具，输入段落文本，将【字体】设置为【微软雅黑】，字体大小设置为 8 pt，【行间距】设置为 170%，将填充色的 RGB 值设置为 229、31、63，如图 8-62 所示。

（10）在工具箱中选中【矩形工具】 □，绘制大小为 67mm、5mm 的矩形对象，将填充色的 RGB 值设置为 229、30、63，轮廓色设置为无，如图 8-63 所示。

图 8-62   图 8-63

（11）在工具箱中选中【矩形工具】 □，绘制大小为 32mm、4mm 的矩形对象，将填充色的 RGB 值设置为 210、210、211，轮廓色设置为无，使用钢笔工具绘制波浪线并设置描边颜色，如图 8-64 所示。

（12）在工具箱中选中【矩形工具】 □，绘制大小为 198mm、210mm 的矩形对象，将填充色的 RGB 值设置为 229、30、63，轮廓色设置为无。使用钢笔工具绘制线段，将填充色设置为无，轮廓色设置为白色，轮廓宽度设置为 0.4mm，如图 8-65 所示。

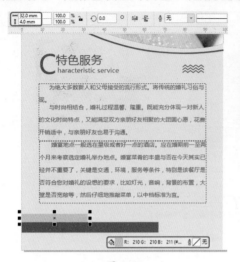

图 8-64   图 8-65

（13）使用文本工具分别输入文本，并进行相应的设置，如图 8-66 所示。

（14）根据前面介绍过的方法完善如图 8-67 所示的文字内容和图案。

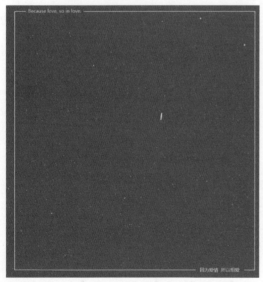

图 8-66   图 8-67

（15）导入素材 \Cha08\ 婚礼素材 4.jpg 文件，在工具箱中选中【矩形工具】▢，在绘图区中绘制一个矩形，将对象大小设置为 43mm、68mm，将填充色设置为黑色，轮廓色设置为无，并在绘图区中调整其位置。选择置入的"婚礼素材 4.jpg"文件，单击鼠标右键，在弹出的快捷菜单中选择【PowerClip 内部】命令，在黑色图形上单击鼠标，效果如图 8-68 所示。

（16）使用同样的方法制作如图 8-69 所示的内容。

图 8-68

图 8-69

案例精讲 079　制作餐厅三折页

宣传折页自成一体．无须借助于其他媒体，不受其他媒体的宣传环境、公众特点、信息安排、版面、印刷、纸张等限制，又称之为"非媒介性广告"。下面将介绍如何制作餐厅三折页，如图 8-70 所示。

（1）按 Ctrl+O 组合键，打开素材 \Cha08\ 餐厅素材 .cdr 文件，如图 8-71 所示。

（2）在工具箱中选中【矩形工具】□，绘制大小为 49mm、155mm 的矩形对象，适当调整对象的位置，如图 8-72 所示。

图 8-70

图 8-71

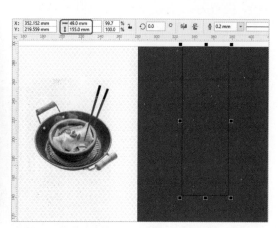

图 8-72

（3）按 F11 键，在弹出的对话框中将左侧节点的 CMYK 值设置为 0、0、100、0；在 16% 位置处添加色块，将 CMYK 值设置为 0、0、20、0；在 46% 位置处添加色块，将 CMYK 值设置为 0、0、100、0；在 72% 位置处添加色块，将 CMYK 值设置为 0、0、20、0；将 100% 位置处色块的 CMYK 值设置为 0、0、100、0；取消选中【自由缩放和倾斜】复选框，将 W 设置为 138%，X、Y 分别设置为 -2.3%、-1.6%，【旋转】设置为 -135°，单击 OK 按钮，如图 8-73 所示。

（4）将轮廓色设置为无，使用矩形工具绘制大小为 44mm、155mm 的矩形对象，将填充色的 CMYK 值设置为 0、0、0、100，轮廓色设置为无，如图 8-74 所示。

图 8-73

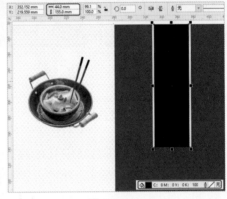
图 8-74

（5）使用【文本工具】字 在合适的位置处单击鼠标，在【属性】面板中单击 » 按钮，在弹出的下拉列表中单击【将文本更改为垂直方向】按钮，输入文本，为了便于观察，将文本的颜色更改为白色，设置【字体】为【汉仪粗宋简】，字体大小为 80pt，如图 8-75 所示。

（6）按 F11 键，在弹出的对话框中将左侧节点的 CMYK 值设置为 0、0、100、0；在 16% 位置处添加色块，将 CMYK 值设置为 4、2、80、0；在 46% 位置处添加色块，将 CMYK 值设置为 5、23、92、0；在 72% 位置处添加色块，将 CMYK 值设置为 4、2、60、0；将 100% 位置处色块的 CMYK 值设置为 0、24、86、0。取消选中【自由缩放和倾斜】复选框，将 W 设置为 137%，X、Y 分别设置为 -2.3%、-1.6%，【旋转】设置为 -135°，单击 OK 按钮，如图 8-76 所示。

图 8-75

图 8-76

（7）使用椭圆形工具绘制 4 个大小为 9.4mm 的圆形对象，按 F12 键，弹出【轮廓笔】对话框，将【颜色】的 CMYK 值设置为 0、100、100、0，【宽度】设置为 1mm，单击 OK 按钮，如图 8-77 所示。

（8）按 F11 键，在弹出的对话框中将左侧节点的 CMYK 值设置为 0、0、100、0；在 54% 位置处添加色块，将 CMYK 值设置为 0、0、20、0；将 100% 位置处色块的 CMYK 值设置为 0、0、100、0。取消选中【自由缩放和倾斜】复选框，将 W 设置为 101%，X、Y 分别设置为 1.5%、–0.9%，【旋转】设置为 –45.6°，单击 OK 按钮，如图 8-78 所示。

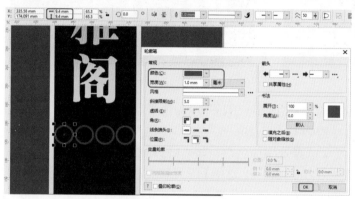
图 8-77

图 8-78

（9）使用文本工具分别输入文本，将【字体】设置为【创艺简老宋】，字体大小设置为 18pt，将填充色设置为黑色，调整文本的位置，如图 8-79 所示。

（10）使用钢笔工具和文本工具制作其他的内容并设置渐变颜色，如图 8-80 所示。

图 8-79

图 8-80

（11）在工具箱中选中【立体化工具】，在如图 8-81 所示的文本上向下拖曳鼠标，在属性栏中单击【立体化颜色】按钮，在弹出的下拉列表中单击【使用纯色】按钮，将【使用】右侧的 CMYK 值设置为 20、100、100、20，如图 8-81 所示。

（12）使用钢笔工具绘制如图 8-82 所示的图形，将填充色设置为无，轮廓色设置为白色。

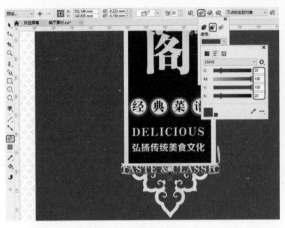

图 8-81

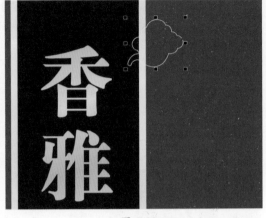

图 8-82

（13）按 F11 键，在弹出的对话框中将左侧节点的 CMYK 值设置为 0、0、100、0；在 16% 位置处添加色块，将 CMYK 值设置为 0、0、20、0；在 46% 位置处添加一个色块，将 CMYK 值设置为 0、0、100、0；在 72% 位置处添加色块，将 CMYK 值设置为 0、0、20、0；将 100% 位置处色块的 CMYK 值设置为 0、0、100、0。选中【缠绕填充】复选框，取消选中【自由缩放和倾斜】复选框，将 W 设置为 130 %，X、Y 分别设置为 0 %、0 %，【旋转】设置为-106°，单击 OK 按钮，如图 8-83 所示。

（14）使用钢笔工具绘制黑色的图形，将轮廓色设置为无，效果如图 8-84 所示。

图 8-83

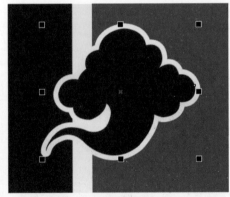

图 8-84

（15）使用钢笔工具绘制图形，将填充色的 CMYK 值设置为 15、100、100、15，轮廓色设置为无，如图 8-85 所示。

（16）选择绘制的黑色和红色的图形，右击鼠标，在弹出的快捷菜单中选择【合并】命令，效果如图 8-86 所示。

（17）使用文本工具输入文本，将【字体】设置为【微软雅黑】，字体大小设置为 21pt，单击【粗体】按钮B，将填充色设置为白色，如图 8-87 所示。

（18）使用同样的方法制作其他的内容，并导入素材 \Cha08\ 二维码 .png 文件，调整对象的大小及位置，如图 8-88 所示。

图 8-85　　　　　　　　　　　　　　　　　图 8-86

图 8-87　　　　　　　　　　　　　　　　　图 8-88

（19）在工具箱中选中【矩形工具】□，绘制大小为 18mm、49mm 的矩形对象，在属性栏中单击【扇形角】按钮□，将圆角半径设置为 1mm，将填充色的 CMYK 值设置为 20、100、100、20。按 F12 键，弹出【轮廓笔】对话框，将【颜色】的 CMYK 值设置为 0、20、60、20，【宽度】设置为 0.5mm，单击 OK 按钮，如图 8-89 所示。

（20）将绘制的矩形进行复制，将矩形的大小设置为 22mm、52mm，将填充色设置为无，轮廓色的 CMYK 值设置为 20、100、100、20，轮廓宽度设置为 0.5mm，如图 8-90 所示。

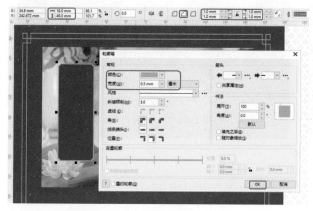
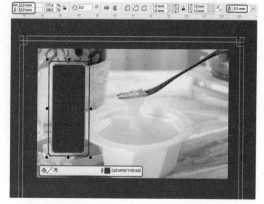

图 8-89　　　　　　　　　　　　　　　　　图 8-90

（21）使用【文本工具】**字**在合适的位置处单击鼠标，在【属性】面板中单击 » 按钮，在弹出的下拉列表中单击【将文本更改为垂直方向】按钮 ，输入文本，将文本的颜色设置为白色，设置【字体】为【微软雅黑】，字体大小设置为 27pt，单击【粗体】按钮 **B**，将【字符间距】设置为 50%，如图 8-91 所示。

（22）使用文本工具输入文本，将【字体】设置为【微软雅黑】，字体大小设置为 16.8pt，选中"主要成分："文本，单击【粗体】按钮 **B**，如图 8-92 所示。

图 8-91   图 8-92

（23）将素材 \Cha08\ 餐厅素材 2.cdr 文件粘贴至当前文档中，使用矩形工具绘制大小为 58mm、14mm 的矩形对象，将圆角半径设置为 2mm，将填充色的 CMYK 值设置为 0、20、60、20，轮廓色设置为无，如图 8-93 所示。

（24）使用文本工具输入文本，将【字体】设置为【微软雅黑】，字体大小设置为 23pt，单击【粗体】按钮 **B**，将填充色的 CMYK 值设置为 15、100、100、15，轮廓色设置为无，如图 8-94 所示。

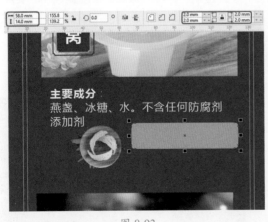

图 8-93   图 8-94

（25）使用同样的方法制作浓汤鱼翅内容，效果如图 8-95 所示。

图 8-95

制作家居三折页

家居三折页内容应该体现出公司的企业文化、公司保障以及公司的联系信息等知识内容，家居三折页的效果如图 8-96 所示。

（1）按 Ctrl+N 组合键，在弹出的对话框中设置名称，将【单位】设置为毫米，将【宽度】和【高度】分别设置为 285 mm、210mm，【原色模式】设置为 RGB，单击 OK 按钮。在工具箱中选中【矩形工具】▢，绘制大小为 285mm、210mm 的矩形对象，将填充色的 RGB 值设置为 238、238、238，轮廓色设置为无，如图 8-97 所示。

图 8-96

（2）在菜单栏中选择【文件】|【导入】命令，导入素材 \Cha08\ 家居素材 .png 文件，适当调整大小及位置，如图 8-98 所示。

图 8-97

图 8-98

（3）在工具箱中选中矩形工具，绘制大小为 22mm、1.5mm 的矩形对象，将填充色的 RGB 值设置为 3、0、0，轮廓色设置为无，如图 8-99 所示。

（4）在工具箱中选中矩形工具，绘制大小为 58mm、1.5mm 的矩形对象，将填充色的 RGB 值设置为 201、57、39，轮廓色设置为无，如图 8-100 所示。

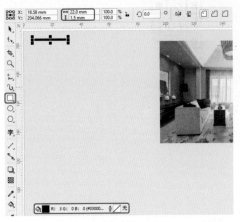
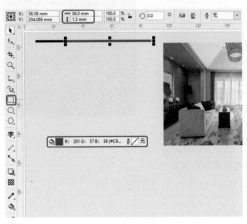

图 8-99　　　　　　　　　　　　　　　图 8-100

（5）使用文本工具输入文本，将【字体】设置为【微软雅黑】，字体大小设置为 16pt，单击【粗体】按钮 B，将填充色的 RGB 值设置为 2、0、0，如图 8-101 所示。

（6）使用文本工具输入文本，将【字体】设置为【微软雅黑】，字体大小设置为 5.5pt，单击【粗体】按钮 B，将填充色的 RGB 值设置为 201、57、39，如图 8-102 所示。

图 8-101　　　　　　　　　　　　　　　图 8-102

（7）在工具箱中选中【2 点线工具】，绘制线段，将填充色设置为无，轮廓色设置为黑色，轮廓宽度设置为 0.2mm，如图 8-103 所示。

（8）使用文本工具输入文本，将【字体】设置为【创艺简黑体】，字体大小设置为 9 pt，将填充色的 RGB 值设置为 34、24、20，如图 8-104 所示。

（9）使用椭圆形工具绘制两个大小为 8mm 的圆形对象，将填充色的 RGB 值设置为 201、57、39，轮廓色设置为无，分别输入文字"1""2"，将【字体】设置为【微软雅黑】，字体大小设置为 14pt，【颜色】设置为白色，如图 8-105 所示。

（10）使用文本工具输入段落文本，将【字体】设置为【微软雅黑】，字体大小设置为 6.3 pt，【行间距】设置为 170%，填充色的 RGB 值设置为 4、0、0，如图 8-106 所示。

图 8-103

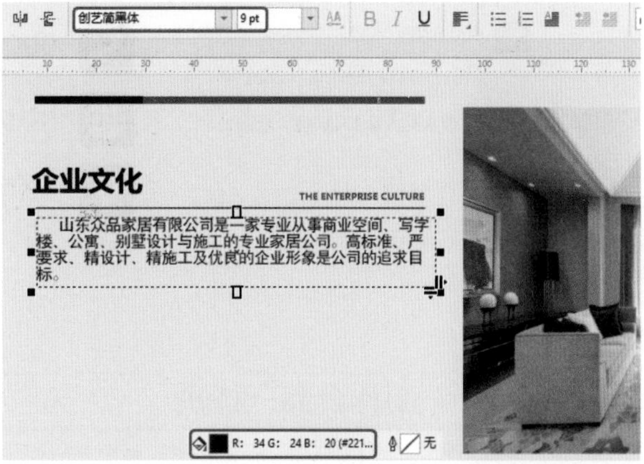

图 8-104

图 8-105

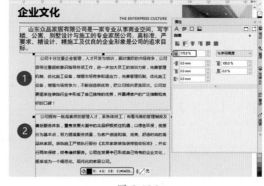

图 8-106

（11）根据前面介绍的方法制作如图 8-107 所示的内容。

（12）使用矩形工具绘制对象大小为 6.4 mm 的矩形，将圆角半径设置为 0.5mm，将填充色的 RGB 值设置为 0、0、0，轮廓色设置为无，如图 8-108 所示。

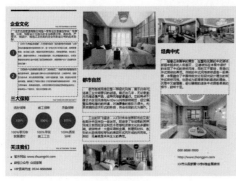

图 8-107

图 8-108

（13）使用钢笔工具绘制电话图标，将填充色设置为白色，轮廓色设置为无，如图 8-109 所示。

（14）继续使用矩形工具和钢笔工具绘制其他的图标部分，效果如图 8-110 所示。

图 8-109

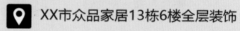

图 8-110

案例精讲 081　制作食品三折页

本案例主要以图片为主，文字为辅，首先将素材文件置入绘图区中，然后绘制图形。执行【PowerClip 内部】命令来制作食品部分，使用文本工具完善其他内容，效果如图 8-111 所示。

（1）按 Ctrl+N 组合键，在弹出的对话框中设置名称，将【单位】设置为毫米，将【宽度】和【高度】分别设置为 297 mm、210mm，【原色模式】设置为 RGB，单击 OK 按钮。在工具箱中选中【矩形工具】 ，绘制大小为 297mm、210mm 的矩形对象，将填充色的 RGB 值设置为 239、239、239，轮廓色设置为无，如图 8-112 所示。

图 8-111

（2）在工具箱中选中【钢笔工具】 ，在绘图区中绘制图形，将填充色的 RGB 值设置为 255、162、25，轮廓色设置为无，如图 8-113 所示。

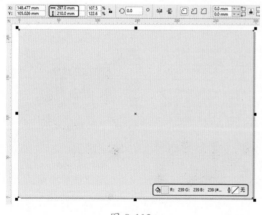

图 8-112

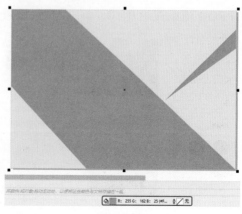

图 8-113

（3）在工具箱中选中钢笔工具，在绘图区中绘制图形，将填充色的 RGB 值设置为 203、98、10，轮廓色设置为无，如图 8-114 所示。

（4）在工具箱中选中钢笔工具，在绘图区中绘制图形，将填充色设置为黑色，轮廓色设置为无，如图 8-115 所示。

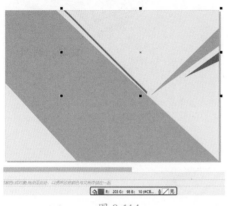

图 8-114   图 8-115

（5）导入素材 \Cha08\ 食品素材 1.jpg 文件，右击鼠标，在弹出的快捷菜单中选择【顺序】|【向后一层】命令，调整大小及位置，如图 8-116 所示。

（6）在素材图片上右击鼠标，在弹出的快捷菜单中选择【PowerClip 内部】命令，在黑色图形上单击鼠标，效果如图 8-117 所示。

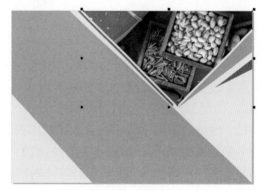

图 8-116   图 8-117

（7）导入素材 \Cha08\ 食品素材 2.jpg 文件，绘制三角形，并执行【PowerClip 内部】命令，效果如图 8-118 所示。

（8）在工具箱中选中【文本工具】字，在空白位置处单击鼠标输入文本，将【字体】设置为【汉仪粗宋简】，字体大小设置为 36 pt，将填充色设置为黑色，如图 8-119 所示。

（9）在工具箱中选中文本工具，在空白位置处单击鼠标输入文本，将【字体】设置为【微软雅黑】，字体大小设置为 19 pt，将填充色设置为黑色，如图 8-120 所示。

（10）导入素材 \Cha08\ 二维码 .png 文件，并调整位置，在工具箱中选中椭圆形工具，绘制大小为 6.8mm 的圆形对象，将轮廓色设置为白色，轮廓宽度设置为 0.5mm，如图 8-121 所示。

图 8-118　　　　　　　　　图 8-119

图 8-120

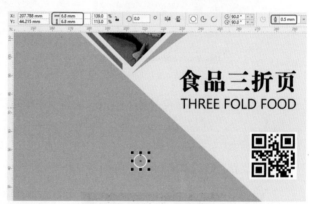

图 8-121

（11）在工具箱中选中【2 点线工具】，绘制水平线段。按 F12 键，弹出【轮廓笔】对话框，将【颜色】设置为白色，【宽度】设置为 0.5mm，【线条端头】设置为【圆形端头】，单击 OK 按钮，如图 8-122 所示。

（12）继续选中水平线段，在菜单栏中选择【窗口】|【泊坞窗】|【变换】命令，将旋转的【角度】设置为 90°，单击【中】按钮，将【副本】设置为 1，单击【应用】按钮，使用同样的方法制作如图 8-123 所示的其他内容。

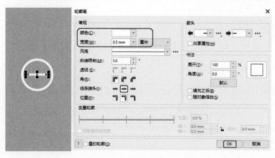

图 8-122

图 8-123

（13）在工具箱中选中椭圆形工具，绘制大小为 50mm 的白色圆形对象，将轮廓色设置为无，如图 8-124 所示。

（14）在工具箱中选中椭圆形工具，绘制大小为 38mm 的圆形对象，将填充色设置为无。按 F12 键，弹出【轮廓笔】对话框，将【颜色】的 RGB 值设置为 107、107、107，【宽度】设置为 0.7mm，选择线段风格，单击 OK 按钮，如图 8-125 所示。

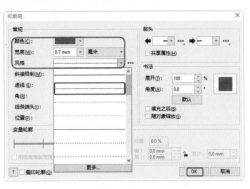

图 8-124 图 8-125

（15）在工具箱中选中文本工具，输入文本，将【字体】设置为【微软雅黑】，字体大小设置为 32 pt，将填充色的 RGB 值设置为 255、161、25，如图 8-126 所示。

（16）在工具箱中选中文本工具，输入文本，将【字体】设置为【微软雅黑】，字体大小设置为 14 pt。打开【属性】泊坞窗，在【段落】选项组中单击【中】按钮三，将【行间距】设置为 120%，将填充色的 RGB 值设置为 0、0、0，如图 8-127 所示。

图 8-126 图 8-127

案例精讲 082　制作茶具三折页

折页和宣传单的作用是一样的，是商家宣传产品、服务的一种传播媒介，茶叶宣传三折页效果如图 8-128 所示。

（1）按 Ctrl+N 组合键，在弹出的对话框中设置名称，将【单位】设置为毫米，将【宽度】和【高度】分别设置为 297mm、210mm，【原色模式】设置为 RGB，单击 OK 按钮。在工具箱中选中矩形工具，绘制大小为 297mm、210mm 的矩形对象，将填充色的 RGB 值设置为 239、239、239，轮廓色设置为无，导入素材 \Cha08\ 茶具素材 1.jpg 文件并进行调整，如图 8-129 所示。

（2）在工具箱中选中文本工具，输入文本，将【字体】设置为【创艺简老宋】，字体大小设置为 18 pt，将文本的填充色设置为 7、107、53，如图 8-130 所示。

图 8-128

图 8-129

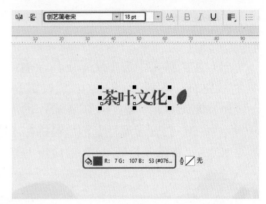

图 8-130

（3）使用钢笔工具绘制直线段，将填充色设置为无，将轮廓色的 RGB 值设置为 7、107、53，轮廓宽度设置为 0.5mm，如图 8-131 所示。

（4）使用【文本工具】字在合适的位置处单击鼠标，在【属性】泊坞窗中单击 》 按钮，在弹出的下拉列表中单击【将文本更改为垂直方向】按钮 ⊞，输入文本，设置【字体】为【创艺简老宋】，字体大小为 12 pt，【行间距】设置为 150%，如图 8-132 所示。

图 8-131

图 8-132

（5）在工具箱中选中文本工具，分别输入文本"茶""的"，将【字体】设置为【创艺简老宋】，字体大小设置为25.2pt，将"茶"文本的填充色的RGB值设置为7、107、53，将"的"文本的填充色的RGB值设置为135、12、34，如图8-133所示。

（6）在工具箱中选中【椭圆形工具】○，绘制两个大小为8.3mm的圆形对象，将填充色的RGB值设置为135、13、34，轮廓色设置为无，如图8-134所示。

图 8-133

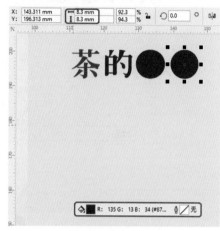
图 8-134

（7）在工具箱中选中文本工具，输入文本，将【字体】设置为【创艺简老宋】，字体大小设置为18 pt，【字符间距】设置为230%，将填充色设置为白色，如图8-135所示。

（8）在工具箱中选中文本工具，输入文本，将【字体】设置为【方正美黑简体】，字体大小设置为14.5pt，将填充色的RGB值设置为135、12、34，如图8-136所示。

图 8-135

图 8-136

（9）在工具箱中选中矩形工具，绘制大小为19.5mm、4.5mm的矩形对象，将填充色的RGB值设置为135、13、34，轮廓色设置为无，如图8-137所示。

（10）在工具箱中选中文本工具，输入文本，将【字体】设置为【汉仪粗宋简】，字体大小设置为9.4pt，将填充色的RGB值设置为255、255、255，如图8-138所示。

（11）在工具箱中选中文本工具，输入文本，将【字体】设置为【华文细黑】，字体大小设置为6.7pt，将填充色的RGB值设置为33、22、19，如图8-139所示。

（12）使用矩形工具和文本工具完善茶具折页的其他文本内容，如图 8-140 所示。

图 8-137　　　　　　　　　　　　　　　　图 8-138

图 8-139　　　　　　　　　　　　　　　　图 8-140

（13）分别导入素材 \Cha08\ 茶具素材 2.jpg、茶具素材 3.jpg、茶具素材 4.png 文件，调整对象的位置，如图 8-141 所示。

图 8-141

Chapter 09

户外广告

本章导读：

　　如今，众多的广告公司越来越关注户外广告的创意、设计效果的实现。各行各业热切希望迅速提升企业形象，传播商业信息，也希望通过户外广告树立城市形象，美化城市。这些都给户外广告制作提供了巨大的市场机会，也因此提出了更高的要求，本章将介绍如何制作户外广告。

案例精讲 083　　情人节户外广告设计

　　本案例将介绍如何制作情人节户外广告，主要利用文本工具输入文字，然后将输入的文字转换为曲线，并对转换后的曲线进行调整，产生艺术字效果，效果如图 9-1 所示。

　　（1）按 Ctrl+O 组合键，打开素材 \Cha09\ 素材 01.cdr 文件，如图 9-2 所示。

　　（2）将"素材 02.png"文件导入文档中，选中导入的素材文件，在属性栏中单击【描摹位图】下拉按钮，在弹出的下拉列表中选择【轮廓描摹】|【线条图】命令，如图 9-3 所示。

图 9-1

图 9-2

图 9-3

　　（3）在弹出的对话框中将【平滑】设置为 25，拐角平滑度设置为 0，将【删除】设置为背景色，选中【删除原始】复选框，如图 9-4 所示。

　　（4）设置完成后，单击 OK 按钮。选中转换后的图形，在属性栏中将旋转角度设置为352，将 RGB 颜色值设置为 242、77、119，并在绘图区中调整其位置，效果如图 9-5 所示。

图 9-4

图 9-5

　　（5）继续选中该图形，在工具箱中选中【阴影工具】，在属性栏的【预设】下拉列表中选择【平面右下】选项，将阴影偏移分别设置为 2mm、−1.5mm，阴影不透明度设置为22，阴影羽化设置为 1，【合并模式】设置为【乘】，如图 9-6 所示。

　　（6）在工具箱中选中文本工具，在绘图区中单击鼠标，输入文字，选中输入的文字，在属性栏中将【字体】设置为【汉仪中黑简】，字体大小设置为440pt，将填充色的RGB值设置为242、77、119，如图9-7所示。

图 9-6　　　　　　　　　　　　　　　　　　图 9-7

　　（7）使用同样的方法在绘图区中分别输入"人""节"两个字，并进行相应的设置，效果如图9-8所示。

　　（8）在绘图区中选择输入的三个文字对象，右击鼠标，在弹出的快捷菜单中选择【转换为曲线】命令，如图9-9所示。

图 9-8　　　　　　　　　　　　　　　　　　图 9-9

💡 提示：
　　在 CorelDRAW 中可以将美术文本和段落文本转换为曲线，虽然转换为曲线后的文字将无法再进行文本的编辑，但是转换为曲线后的文字具有图形的特性。

　　转换为曲线后的文字，属于曲线图形对象，所以一般的设计工作中，在绘图方案定稿以后，通常都需要对图形文档中的所有文字进行转曲处理，以保证在后续流程中打开文件时，不会出现因为缺少字体而不能显示出原本设计效果的问题。

（9）选中转换后的曲线对象，按 Ctrl+L 组合键将选中的曲线进行合并，在【变换】泊坞窗中单击【倾斜】按钮 🔲，将 X 设置为 –10，单击【应用】按钮，如图 9-10 所示。

（10）在工具箱中选中【形状工具】🔧，在绘图区中按住 Ctrl 键，选择如图 9-11 所示的两个节点。

图 9-10   图 9-11

（11）在属性栏中单击【断开曲线】按钮 🔧，将选中的节点断开，在绘图区中选择断开的右侧两个节点，如图 9-12 所示。

（12）按住鼠标将选中的节点向左移动，然后在属性栏中单击【连接两个节点】按钮 🔧，将选中的节点进行连接，效果如图 9-13 所示。

图 9-12   图 9-13

💡 **提示：**

在操作过程中，如果操作出现了失误，或者对调整的结果不满意，可以撤销操作，或者将图像恢复至最近保存过的状态，读者可以在菜单栏中选择【编辑】|【撤销】命令，或者按 Ctrl+Z 组合键，撤销所做的最后一次修改，将其还原至上一步操作的状态。如果需要取消还原，可以按 Ctrl+Shift+ Z 组合键。

（13）使用同样的方法将其他节点进行连接，使用形状工具对如图 9-14 所示的图形进行调整。

（14）使用形状工具在绘图区中调整其他图形对象，效果如图 9-15 所示。

（15）在工具箱中选中钢笔工具，在绘图区中绘制如图 9-16 所示的多个图形，并将其填充色的 RGB 值设置为 242、77、119，轮廓色设置为无。

（16）选中新绘制的图形对象与调整的艺术字图形，按 Ctrl+L 组合键合并选中的图形对象，在属性栏中将旋转角度设置为 349，并在绘图区中调整其位置，效果如图 9-17 所示。

图 9-14　　　　　　　　　　　　　　　　　图 9-15

图 9-16　　　　　　　　　　　　　　　　　图 9-17

（17）继续选中该图形，在工具箱中选中【阴影工具】，在【预设】下拉列表中选择【平面右下】选项，将阴影偏移分别设置为 5mm、-4mm，【阴影不透明度】设置为 22，阴影羽化设置为 1，【合并模式】设置为【乘】，如图 9-18 所示。

（18）在工具箱中选中文本工具，在绘图区中单击鼠标，输入文字。选中输入的文字，在属性栏中将【字体】设置为 Calisto MT，字体大小设置为 49pt，单击【粗体】按钮B，将旋转角度设置为 349，【字符间距】设置为 50%，将填充色的 RGB 值设置为 242、77、119，如图 9-19 所示。

图 9-18　　　　　　　　　　　　　　　　　图 9-19

221

（19）使用文本工具在绘图区中输入文字，选中输入的文字，将【字体】设置为【Adobe 黑体 Std R】，字体大小设置为 78pt，【旋转角度】设置为 349，【字符间距】设置为 50%，将填充色的 RGB 值设置为 242、77、119，如图 9-20 所示。

（20）使用同样的方法在绘图区中输入其他文字内容，并进行相应的调整，效果如图 9-21 所示。

图 9-20

图 9-21

（21）在工具箱中选中钢笔工具，在绘图区中绘制如图 9-22 所示的两个图形，将填充色的 RGB 值设置为 242、77、119，轮廓色设置为无，并调整其角度与位置。

（22）使用同样的方法在绘图区中绘制其他图形，并进行相应的设置，如图 9-23 所示。

图 9-22

图 9-23

案例精讲 084 **环保户外广告设计**

本案例将介绍如何制作环保户外广告，主要利用文本工具输入文字，并为输入的文字添加轮廓与投影，效果如图 9-24 所示。

图 9-24

（1）按 Ctrl+O 组合键，打开素材 \Cha09\ 素材 03.cdr 文件，如图 9-25 所示。

（2）在工具箱中选中文本工具，在绘图区中单击鼠标，输入文字。选中输入的文字，在【文本】泊坞窗中将【字体】设置为【方正兰亭中黑_GBK】，字体大小设置为 54pt，【字符间距】设置为 200%，将填充色的 CMYK 值设置为 0、0、0、100，效果如图 9-26 所示。

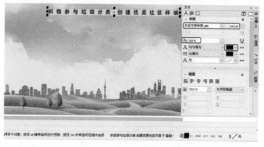

图 9-25　　　　　　　　　　　　　　　　　　　　　图 9-26

（3）使用文本工具在绘图区中单击鼠标，输入文字，选中输入的文字，在属性栏中将【字体】设置为【方正粗倩简体】，字体大小设置为 232pt，将填充色的 CMYK 值设置为 100、0、100、0，效果如图 9-27 所示。

（4）选中输入的文字，按 F12 键，在弹出的【轮廓笔】对话框中将【宽度】设置为 5mm，将【颜色】的 CMYK 值设置为 0、0、0、0，单击【圆角】按钮，选中【填充之后】复选框与【随对象缩放】复选框，如图 9-28 所示。

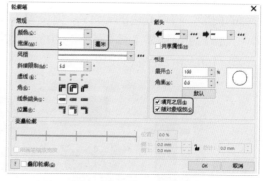

图 9-27　　　　　　　　　　　　　　　　　　　　　图 9-28

（5）设置完成后，单击 OK 按钮。继续选中该文字，在工具箱中选中【阴影工具】，在【预设】下拉列表中选择【小型辉光】选项，将阴影不透明度设置为 27，阴影羽化设置为 3，阴影颜色的 CMYK 值设置为 93、88、89、80，【合并模式】设置为【乘】，如图 9-29 所示。

（6）选中添加阴影的文字对象，按"+"键对其进行复制，并调整其位置，修改文字内容，效果如图 9-30 所示。

（7）选中"垃圾分类"文字对象，右击鼠标，在弹出的快捷菜单中选择【转换为曲线】命令，如图 9-31 所示。

（8）选中转换为曲线的文字对象，在工具箱中选中【形状工具】，在绘图区中按住 Ctrl 键选择如图 9-32 所示的节点。

图 9-29

图 9-30

图 9-31

图 9-32

（9）按 Delete 键将选中的节点删除，在工具箱中选中钢笔工具，在绘图区中绘制如图 9-33 所示的图形，将填充色的 CMYK 值设置为 18、100、82、0，轮廓色设置为无。

（10）使用钢笔工具在绘图区中绘制如图 9-34 所示的图形，将填充色的 CMYK 值设置为 7、94、100、0，轮廓色设置为无。

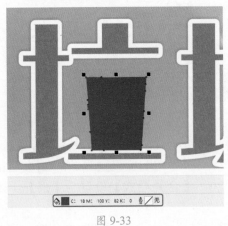

图 9-33

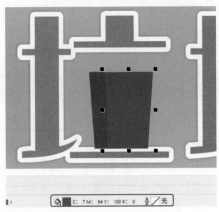

图 9-34

（11）选中新绘制的图形，在工具箱中选中【透明度工具】▒，在属性栏中单击【渐变透明度】按钮▦，在绘图区中对渐变进行调整，效果如图 9-35 所示。

（12）在工具箱中选中矩形工具，在绘图区中绘制一个大小分别为 3mm、31mm 的矩形对象，将圆角半径均设置为 1.5mm，将填充色的 CMYK 值设置为 35、97、93、2，轮廓色设置为无，如图 9-36 所示。

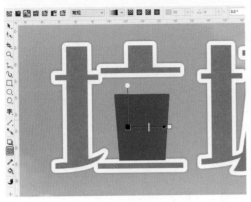

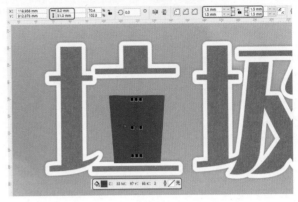

图 9-35　　　　　　　　　　　　　图 9-36

（13）选中绘制的矩形，按"+"键对其进行复制，并调整其位置与旋转角度，效果如图 9-37 所示。

（14）在工具箱中选中矩形工具，在绘图区中绘制一个大小分别为 10mm、8mm 的矩形对象，将圆角半径均设置为 0.3mm，如图 9-38 所示。

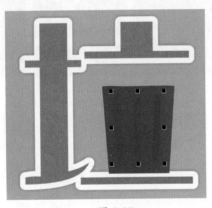

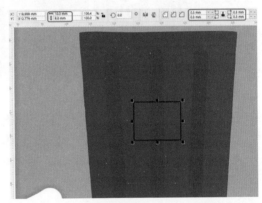

图 9-37　　　　　　　　　　　　　图 9-38

（15）选中绘制的圆角矩形，按 F12 键，在弹出的【轮廓笔】对话框中将【颜色】的 CMYK 值设置为 0、0、0、0，将【宽度】设置为 0.75mm，单击【圆角】按钮 ▞ 与【圆形端头】按钮 ▬，如图 9-39 所示。

（16）设置完成后，单击 OK 按钮。选中圆角矩形，在工具箱中选中【阴影工具】▢，在【预设】下拉列表中选择【小型辉光】选项，将阴影不透明度设置为 30，阴影羽化设置为 10，阴影颜色的 CMYK 值设置为 49、100、100、31，将【合并模式】设置为【常规】，如图 9-40 所示。

（17）在工具箱中选中钢笔工具，在绘图区中绘制如图 9-41 所示的图形，将填充色的 CMYK 值设置为 0、0、0、0，轮廓色设置为无。

（18）在工具箱中选中【艺术笔工具】♭，在属性栏中单击【笔刷】按钮 ▮，将【类别】设置为【艺术】，在【笔刷笔触】下拉列表中选择一种笔触样式，将【手绘平滑】和【笔触宽度】分别设置为 30、0.8，在绘图区中进行绘制，将对象填充色的 CMYK 值设置为 0、0、0、0，轮廓色设置为无，效果如图 9-42 所示。

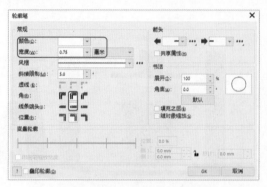
图 9-39

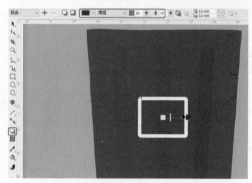
图 9-40

图 9-41

图 9-42

（19）在工具箱中选中钢笔工具，在绘图区中绘制如图 9-43 所示的图形，将填充色的 CMYK 值设置为 12、87、51、0，轮廓色设置为无。

（20）使用钢笔工具在绘图区中绘制如图 9-44 所示的图形，将填充色的 CMYK 值设置为 0、77、76、0，轮廓色设置为无。

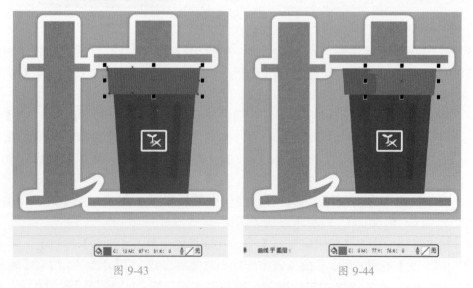

图 9-43　　　　　　　　　　　图 9-44

（21）选中新绘制的图形，在工具箱中选中【透明度工具】，在属性栏中单击【渐变透明度】按钮，在绘图区中对渐变进行调整，效果如图 9-45 所示。

（22）在工具箱中选中椭圆形工具，在绘图区中绘制多个椭圆形，并调整其角度与大小，将填充色的 CMYK 值设置为 0、38、31、0，轮廓色设置为无，如图 9-46 所示。

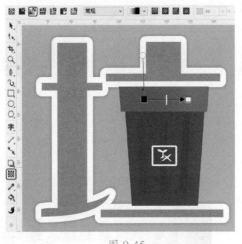
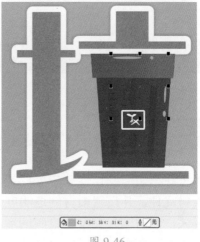

图 9-45　　　　　　　　　　　　　　　　　　图 9-46

（23）在工具箱中选中文本工具，在绘图区中单击鼠标，输入文字。选中输入的文字，在属性栏中将【字体】设置为【方正兰亭中黑_GBK】，字体大小设置为 107.5pt，将左侧文字填充色的 CMYK 值设置为 100、0、100、0，将右侧文字填充色的 CMYK 值设置为 100、0、0、0，在【变换】泊坞窗中单击【倾斜】按钮，将 X 设置为 –10，单击【应用】按钮，如图 9-47 所示。

（24）选中输入的文字，按 F12 键，在弹出的【轮廓笔】对话框中将【宽度】设置为 5mm，将【颜色】的 CMYK 值设置为 0、0、0、0，单击【圆角】按钮与【圆形端头】按钮，选中【填充之后】复选框与【随对象缩放】复选框，如图 9-48 所示。

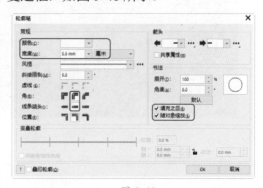

图 9-47　　　　　　　　　　　　　　　　　　图 9-48

（25）设置完成后，单击 OK 按钮。在工具箱中选中阴影工具，在【预设】下拉列表中选择【透视右上】选项，将阴影角度、阴影延展、阴影淡出、阴影不透明度、阴影羽化分别设置为 75、92、0、50、15，将阴影颜色的 CMYK 值设置为 0、0、0、100，【合并模式】设置为【乘】，在绘图区中调整阴影的位置，效果如图 9-49 所示。

（26）将"素材 04.cdr"文件导入文档中，并调整其位置，效果如图 9-50 所示。

图 9-49

图 9-50

案例精讲 085 促销户外广告设计

本案例将介绍如何制作促销户外广告，首先导入素材文件，并设置素材的透明度效果与合并模式，然后输入文字、绘制图形，并为其添加立体化效果，如图 9-51 所示。

（1）按 Ctrl+O 组合键，打开素材 \Cha09\素材 05.cdr 文件，如图 9-52 所示。

（2）在工具箱中选中文本工具，在绘图区中单击鼠标，输入文字。选中输入的文字，

图 9-51

在属性栏中将【字体】设置为【汉仪菱心体简】，字体大小设置为 158pt，将填充色的 RGB 值设置为 255、255、255，如图 9-53 所示。

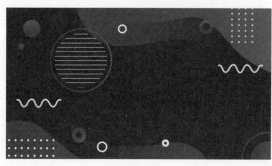

图 9-52

图 9-53

（3）选中输入的文字，按"+"键对其进行复制，在【对象】泊坞窗中选中复制后的对象，右击鼠标，在弹出的快捷菜单中选择【隐藏】命令，如图 9-54 所示。

（4）在绘图区中选择文字对象，在工具箱中选中【立体化工具】，在绘图区中拖动鼠标创建立体化效果，在属性栏中将【灭点坐标】分别设置为 0.4mm、−47mm，将【深度】设置为 3，单击【立体化颜色】按钮，在弹出的面板中单击【使用递减的颜色】按钮，将【从】的 RGB 值设置为 242、106、242，将【到】的 RGB 值设置为 237、33、193，效果如图 9-55 所示。

图 9-54　　　　　　　　　　　　　　　图 9-55

（5）在【对象】泊坞窗中选择隐藏的文字对象，右击鼠标，在弹出的快捷菜单中选择【显示】命令，选择显示后的文字对象，右击鼠标，在弹出的快捷菜单中选择【转换为曲线】命令，如图 9-56 所示。

（6）选中转换为曲线后的文字对象，将填充色的 RGB 值设置为 255、220、100，右击鼠标，在弹出的快捷菜单中选择【拆分曲线】命令，如图 9-57 所示。

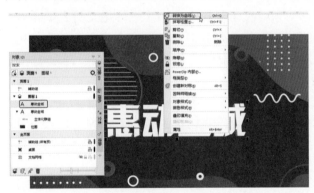

图 9-56　　　　　　　　　　　　　　　图 9-57

（7）根据前面介绍的方法将连接在一起的文字进行分离，并删除多余的图形，然后使用形状工具对图形进行调整，效果如图 9-58 所示。

（8）在工具箱中选中文本工具，在绘图区中输入文字。选中输入的文字，在【文本】泊坞窗中将【字体】设置为【方正美黑简体】，字体大小设置为 240pt，【字符间距】设置为 −10%，并为其填充任意一种颜色，如图 9-59 所示。

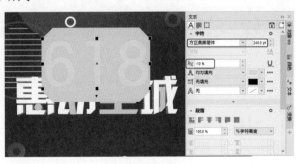

图 9-58　　　　　　　　　　　　　　　图 9-59

（9）使用矩形工具在绘图区中绘制一个矩形，并为其填充任意一种颜色，效果如图 9-60 所示。

（10）在绘图区中选择新绘制的矩形与"618"文字对象，在属性栏中单击【移除前面对象】按钮，使用形状工具对移除后的图形进行调整，并将其填充色的 RGB 值设置为 255、255、255，如图 9-61 所示。

图 9-60   图 9-61

（11）使用选择工具选中调整后的图形对象，在工具箱中选中【立体化工具】，在属性栏中单击【复制立体化属性】按钮，当光标变为 ▶ 形状时，在下方文字对象的立体化效果上单击鼠标，即可对立体化效果进行复制，在属性栏中将【灭点坐标】分别设置为 0.3mm、33mm，【深度】设置为 5，如图 9-62 所示。

（12）在工具箱中选中【多边形工具】，在属性栏中将【点数或边数】设置为 3，在绘图区中绘制一个三角形。选中绘制的三角形，单击【垂直镜像】按钮，将对象大小分别设置为 222mm、163mm，【轮廓宽度】设置为 4mm，填充色设置为无，将轮廓色的 RGB 值设置为 255、220、100，如图 9-63 所示。

图 9-62   图 9-63

（13）选中设置后的三角形，在菜单栏中选择【对象】|【将轮廓转换为对象】命令，如图 9-64 所示。

（14）使用矩形工具在绘图区中绘制一个大小分别为 205mm、95mm 的矩形对象，并为其填充任意一种颜色，将轮廓色设置为无，效果如图 9-65 所示。

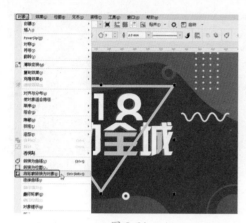
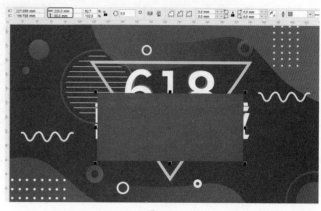

图 9-64   图 9-65

（15）在绘图区中选择新绘制的矩形与三角形，在属性栏中单击【移除前面对象】按钮 。选中调整后的图形，按 Ctrl+K 组合键将图形进行拆分，然后选择上方的图形，在工具箱中选中【立体化工具】 ，在绘图区中拖动鼠标创建立体化效果，在属性栏中将【灭点坐标】分别设置为 -0.4mm、–47mm，【深度】设置为 8，单击【立体化颜色】按钮 ，在弹出的面板中单击【使用递减的颜色】按钮 ，将【从】的 RGB 值设置为 176、64、237，将【到】的 RGB 值设置为 237、33、193，效果如图 9-66 所示。

（16）在绘图区中选择下方拆分后的图形，在工具箱中选中【立体化工具】 ，在属性栏中单击【复制立体化属性】按钮 ，当光标变为 形状时，在上一步添加的立体化效果上单击鼠标，即可对立体化效果进行复制，在属性栏中将【灭点坐标】分别设置为 0.4mm、13mm，【深度】设置为 20，如图 9-67 所示。

图 9-66   图 9-67

（17）继续选中下方的图形，在工具箱中选中【阴影工具】 ，在【预设】下拉列表中选择【平面右下】选项，将阴影偏移分别设置为 0.5mm、–2mm，【阴影不透明度】设置为 28，【阴影羽化】设置为 5，阴影颜色的 CMYK 值设置为 0、0、0、100，【合并模式】设置为【乘】，如图 9-68 所示。

（18）根据前面介绍的方法在绘图区中制作其他效果，并进行相应的设置，效果如图 9-69 所示。

图 9-68

图 9-69

案例精讲 086　　**影院户外广告设计**

　　本案例将介绍如何制作影院户外广告，首先绘制矩形图形制作背景，然后导入素材文件，最后输入文字，将其转换为曲线，调整艺术字，并对文字创建调和效果，使文字产生立体感，效果如图 9-70 所示。

图 9-70

　　（1）按 Ctrl+O 组合键，打开素材 \Cha09\素材 06.cdr 文件，在工具箱中选中【文本工具】字，在绘图区中单击鼠标，输入文字。选中输入的文字，将【字体】设置为【汉真广标】，字体大小设置为 390 pt，将【文本颜色】的 CMYK 值设置为 0、0、0、0，如图 9-71 所示。

　　（2）使用【选择工具】 在绘图区中选择文字对象，在属性栏中将对象大小分别设置为 317mm、125mm，效果如图 9-72 所示。

图 9-71

图 9-72

　　（3）使用同样的方法在其下方输入其他文字，并对其进行相应的设置，效果如图 9-73 所示。

　　（4）使用【选择工具】 在绘图区中选择两个文字对象，右击鼠标，在弹出的快捷菜单中选择【转换为曲线】命令，如图 9-74 所示。

图 9-73   图 9-74

> **提示：**
> 转换为曲线后的文字不能通过任何命令将其恢复成文本格式，所以在使用此命令前，一定要设置好所有文字的文本属性，或者最好在转换为曲线前对编辑好的文件进行备份。

（5）在工具箱中选中【形状工具】![icon]，在绘图区中对转换的曲线进行调整，调整后的效果如图 9-75 所示。

（6）在工具箱中选中【选择工具】![icon]，在绘图区中选择调整后的曲线对象，按 Ctrl+G 组合键将选中的对象进行编组。按 F12 键，在弹出的【轮廓笔】对话框中将【宽度】设置为 9mm，将【颜色】的 CMYK 值设置为 0、0、0、100，单击【圆角】按钮![icon]和【圆形端头】按钮![icon]，选中【填充之后】和【随对象缩放】复选框，如图 9-76 所示。

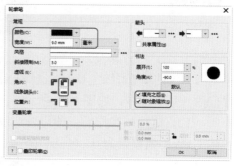

图 9-75   图 9-76

（7）设置完成后，单击 OK 按钮，在工具箱中选中【椭圆形工具】![icon]，在绘图区中绘制一个圆形。选中绘制的圆形，在属性栏中将对象大小均设置为 29.5mm，并为其任意填充一种颜色，将轮廓色设置为无，效果如图 9-77 所示。

（8）使用同样的方法在绘图区中绘制其他圆形，并为其填充任意一种颜色，将轮廓色设置为无，效果如图 9-78 所示。

（9）在工具箱中选中【选择工具】![icon]，在绘图区中选择所绘制的所有圆形，右击鼠标，在弹出的快捷菜单中选择【合并】命令，如图 9-79 所示。

（10）执行该操作后，即可将选中的对象进行合并。在工具箱中选中【椭圆形工具】![icon]，在绘图区中绘制一个圆形。选中绘制的圆形，在属性栏中将对象大小均设置为 33mm，将填充色的 CMYK 值设置为 0、0、0、100，轮廓色设置为无，效果如图 9-80 所示。

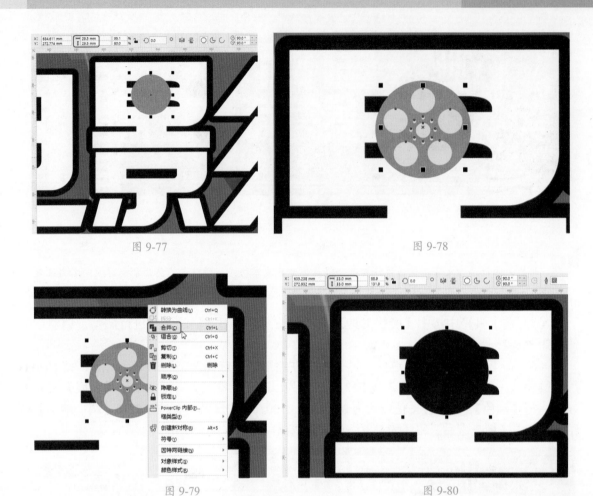

图 9-77

图 9-78

图 9-79

图 9-80

（11）使用【选择工具】选择绘制的圆形，右击鼠标，在弹出的快捷菜单中选择【顺序】|【向后一层】命令，如图 9-81 所示。

（12）执行该操作后，即可将选中的对象向后一层，选中上面所合并后的对象，将填充色的 CMYK 值设置为 0、0、0、0，如图 9-82 所示。

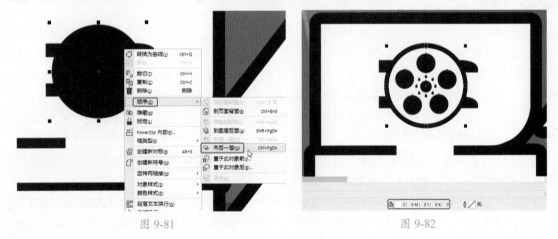

图 9-81

图 9-82

（13）在工具箱中选中【文本工具】字，在绘图区中单击鼠标，输入文字。选中输入的文字，在【文本】泊坞窗中单击【字体】右侧的下三角按钮，在弹出的下拉列表中选择 Arial |【Arial Black（Regular, 黑）】，将字体大小设置为 71pt，将填充色的 CMYK 值设置为 0、0、0、0，如图 9-83 所示。

（14）在【文本】泊坞窗中将【字符间距】设置为 –40%，调整文本的位置，效果如图 9-84 所示。

图 9-83　　　　　　　　　　　　　　　　　　　　　图 9-84

（15）按 F12 键，打开【轮廓笔】对话框，将【宽度】设置为 9mm，将【颜色】的 CMYK 值设置为 0、0、0、100，单击【圆角】按钮┏和【圆形端头】按钮━，选中【填充之后】和【随对象缩放】复选框，如图 9-85 所示。

（16）设置完成后，单击 OK 按钮。使用前面所介绍的方法绘制两个矩形，并对其进行相应的设置，调整其排放顺序，效果如图 9-86 所示。

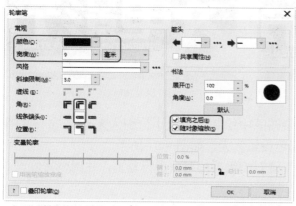

图 9-85　　　　　　　　　　　　　　　　　　　　　图 9-86

（17）在绘图区中选择所有的文字对象与标题中的图形对象，按 Ctrl+G 组合键，对其进行编组。选中编组后的对象，按 "+" 键对其进行复制，选中复制的对象，将填充色的 CMYK 值设置为 0、0、0、100，并调整其大小，如图 9-87 所示。

（18）继续选中该对象，右击鼠标，在弹出的快捷菜单中选择【顺序】|【向后一层】命令，如图 9-88 所示。

（19）在绘图区中选择两个编组的文字对象，在工具箱中选中调和工具，在【预设】下拉列表中选择【直接 8 步长】选项，将【调和对象】设置为 40，如图 9-89 所示。

（20）在工具箱中选中矩形工具，在绘图区中绘制一个大小分别为 390mm、45mm 的矩形对象，将填充色的 CMYK 值设置为 0、0、0、0，轮廓色设置为无，如图 9-90 所示。

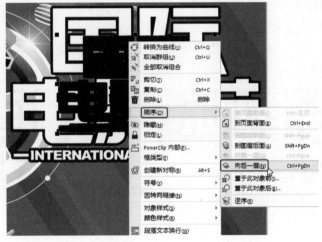

图 9-87 　　　　　　　　　　　　　　　　　　图 9-88

图 9-89 　　　　　　　　　　　　　　　　　　图 9-90

（21）在工具箱中选中椭圆形工具，在绘图区中绘制六个大小分别为 8mm、7mm 的椭圆形对象，并为其填充任意一种颜色，将轮廓色设置为无，如图 9-91 所示。

（22）将绘制的椭圆形进行编组，按"+"键对编组后的对象进行复制，并调整其位置，效果如图 9-92 所示。

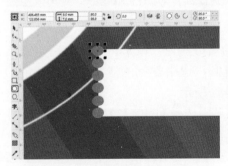

图 9-91 　　　　　　　　　　　　　　　　　　图 9-92

（23）在绘图区中选中椭圆形对象与白色矩形，在属性栏中单击【移除前面对象】按钮，选中调整后的图形对象，在工具箱中选中【阴影工具】 ，在【预设】下拉列表中选择【平面右下】选项，将阴影偏移分别设置为 3mm、–4mm，【阴影不透明度】设置为 15，【阴影羽化】设置为 2，将【阴影颜色】的 CMYK 值设置为 0、0、0、100，【合并模式】设置为【乘】，如图 9-93 所示。

（24）在工具箱中选中文本工具，在绘图区中单击鼠标，输入文字。选中输入的文字，将【字体】设置为【汉仪菱心体简】，字体大小设置为 84pt，【字符间距】设置为 –10%，将填充色的 CMYK 值设置为 0、88、13、0，如图 9-94 所示。

图 9-93

图 9-94

（25）使用文本工具在绘图区中输入文字，选中输入的文字，将【字体】设置为【汉仪菱心体简】，字体大小设置为 84pt，【字符间距】设置为 –10%，将填充色的 CMYK 值设置为 78、93、91、74，如图 9-95 所示。

（26）根据前面所介绍的方法在绘图区中创建其他内容，并进行相应的设置，效果如图 9-96 所示。

图 9-95

图 9-96

Chapter

10

VI 设计

本章导读:

　　VI 设计可以对生产系统、管理系统和营销、包装、广告以及促销形象进行标准化设计和统一管理,从而调动企业的积极性和每个员工的归属感,使各职能部门能够有效地合作。对外,通过符号形式的整合,形成独特的企业形象,方便市民识别,认同企业形象,推广他们的产品或进行服务的宣传。

◆◆◆◆◆◆◆◆◆◆◆◆◆◆◆
案例精讲 087　**制作 LOGO**

LOGO 是徽标或者商标的外语缩写，它起到对徽标拥有公司的识别和推广的作用，通过形象的徽标可以让消费者记住公司主体和品牌文化。本案例将通过文字工具、矩形工具、橡皮擦工具、平滑工具以及涂抹工具来制作 LOGO，效果如图 10-1 所示。

图 10-1

（1）按 Ctrl+N 组合键，在弹出的对话框中将【单位】设置为【毫米】，【宽度】、【高度】分别设置为 306mm、194mm，【原色模式】设置为 RGB，单击 OK 按钮。在菜单栏中选择【布局】|【页面背景】命令，在弹出的【选项】对话框中选中【纯色】单选按钮，将 RGB 值设置为 232、232、232，如图 10-2 所示。

（2）设置完成后，单击 OK 按钮。在工具箱中选中矩形工具，在绘图区中绘制一个大小分别为 124mm、120mm 的矩形对象，将所有的圆角半径均设置为 6mm，将填充色的 RGB 值设置为 205、0、0，轮廓色设置为无，效果如图 10-3 所示。

图 10-2

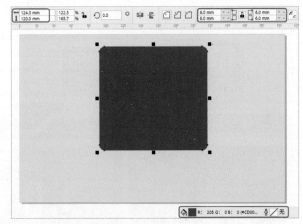

图 10-3

（3）选中绘制的圆角矩形，在工具箱中选中【橡皮擦工具】 🔲，在属性栏中调整橡皮擦参数，对选中的圆角矩形进行擦除，效果如图 10-4 所示。

💡 **提示：**
在使用橡皮擦工具对图形进行擦除的过程中，可以根据需要随意切换圆形笔尖、方形笔尖以及橡皮擦厚度。

（4）在工具箱中选中【平滑工具】 ✏️，在属性栏中将【笔尖半径】设置为 3mm，【速度】设置为 100，在绘图区中对图形的边缘进行平滑处理，效果如图 10-5 所示。

 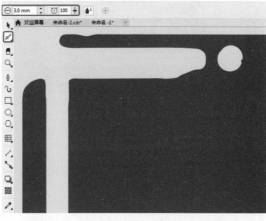

图 10-4　　　　　　　　　　　　　　　图 10-5

（5）继续选中该图形，在工具箱中选中【涂抹工具】，在属性栏中将笔尖半径设置为 3mm，【压力】设置为 85，单击【平滑涂抹】按钮，在绘图区中对选中的图形进行涂抹，效果如图 10-6 所示。

（6）在工具箱中选中文本工具，在绘图区中单击鼠标，输入文字，将【字体】设置为【经典繁方篆】，字体大小设置为 133pt，在【文本】泊坞窗中将【行间距】设置为 105%。单击【将文本更改为垂直方向】按钮，将填充色的 RGB 值设置为 255、255、255，将轮廓色的 RGB 值设置为 255、255、255，使用默认轮廓宽度，效果如图 10-7 所示。

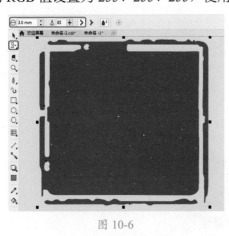 

图 10-6　　　　　　　　　　　　　　　图 10-7

（7）在工具箱中选中矩形工具，在绘图区中绘制一个大小分别为 260mm、32mm 的矩形对象，将填充色的 RGB 值设置为 205、0、0，轮廓色设置为无，如图 10-8 所示。

（8）使用文本工具在绘图区中输入文字，将【字体】设置为【汉仪大隶书简】，字体大小设置为 68pt，将填充色的 RGB 值设置为 255、255、255，将对象大小的【宽度】设置为 247mm，效果如图 10-9 所示。

图 10-8

图 10-9

◆◆◆◆◆◆◆◆ 案例精讲 088 **制作名片正面**

名片是新朋友互相认识、自我介绍的最快且有效的方法。本案例将介绍名片正面的制作方法，效果如图 10-10 所示。

（1）新建一个宽度、高度分别为 400mm、233mm 的文档，并将【原色模式】设置为 RGB。双击矩形工具，将矩形填充色的 RGB 值设置为 252、252、252，轮廓色设置为无，然后再使用矩形工具在绘图区中绘制一个大小分别为 400mm、60mm 的矩形对象，将填

图 10-10

充色的 RGB 值设置为 232、232、232，轮廓色设置为无，如图 10-11 所示。

（2）在工具箱中选中钢笔工具，在绘图区中绘制如图 10-12 所示的图形，将填充色的 RGB 值设置为 116、102、94，轮廓色设置为无。

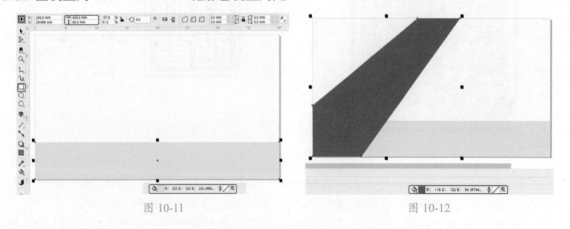

图 10-11

图 10-12

（3）选中绘制的图形，在工具箱中选中透明度工具，在属性栏中单击【均匀透明度】按钮，将【透明度】设置为 90，如图 10-13 所示。

（4）使用同样的方法在绘图区中绘制其他图形，并为其添加透明度效果，如图 10-14 所示。

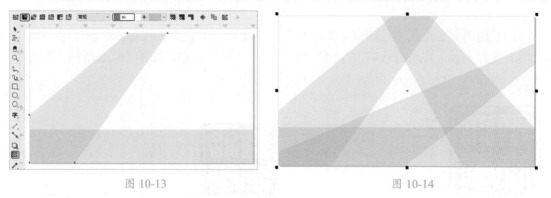

图 10-13　　　　　　　　　　　　　　　　图 10-14

（5）将上一案例制作的 LOGO 图标，复制并粘贴至文档中，并调整其大小与位置，效果如图 10-15 所示。

（6）在工具箱中选中钢笔工具，在绘图区中绘制如图 10-16 所示的图形，将填充色的 RGB 值设置为 63、63、63，轮廓色设置为无。

图 10-15　　　　　　　　　　　　　　　　图 10-16

（7）在工具箱中选中钢笔工具，在绘图区中绘制如图 10-17 所示的图形，将填充色的 RGB 值设置为 222、34、47，轮廓色设置为无。

（8）在工具箱中选中钢笔工具，在绘图区中绘制一个三角形，将填充色的 RGB 值设置为 160、29、39，轮廓色设置为无，如图 10-18 所示。

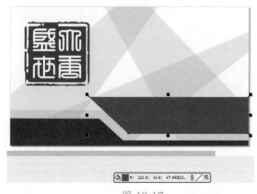
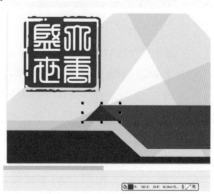

图 10-17　　　　　　　　　　　　　　　　图 10-18

（9）选中绘制的三角形，右击鼠标，在弹出的快捷菜单中选择【顺序】|【向后一层】命令，如图 10-19 所示。

（10）使用文本工具在绘图区中输入文字，将【字体】设置为【Adobe 黑体 Std R】，字体大小设置为 61pt，将填充色的 RGB 值设置为 255、255、255，如图 10-20 所示。

图 10-19   图 10-20

（11）使用同样的方法在绘图区中输入其他文字内容，并进行相应的设置，效果如图 10-21 所示。

（12）将"素材 01.png"文件导入文档中，并调整其大小与位置。选中导入的素材，在属性栏中单击【描摹位图】按钮，在弹出的下拉菜单中选择【轮廓描摹】|【线条图】命令，如图 10-22 所示。

图 10-21   图 10-22

（13）在弹出的对话框中将【细节】、【平滑】分别设置为 50、25，将【删除】设置为【背景色】，选中【删除原始】复选框，如图 10-23 所示。

（14）设置完成后，单击 OK 按钮。在工具箱中选中矩形工具，在绘图区中绘制一个大小分别为 1.5mm、100mm 的矩形对象，如图 10-24 所示。

（15）按 F11 键，在弹出的【编辑填充】对话框中将左侧节点的 RGB 值设置为 255、255、255，将节点的【透明度】设置为 100%；在 47% 位置处添加一个节点，将其 RGB 值设置为 120、120、120，将节点的【透明度】设置为 0；将右侧节点的 RGB 值设置为 255、255、255，将节点的【透明度】设置为 100%，将【旋转】设置为 90°，如图 10-25 所示。

（16）设置完成后，单击 OK 按钮，将轮廓色设置为无，根据前面所介绍的方法在绘图区中绘制一个矩形，并进行设置，效果如图 10-26 所示。

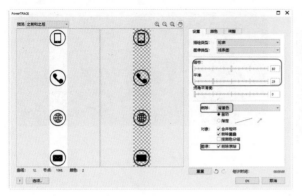

图 10-23

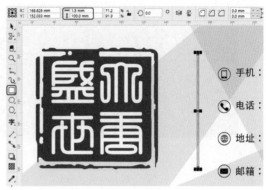

图 10-24

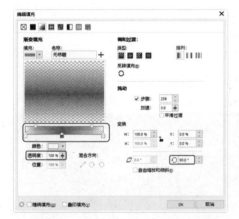

图 10-25

图 10-26

案例精讲 089　制作名片反面

本案例将介绍如何制作名片反面，主要利用矩形工具、钢笔工具、椭圆形工具绘制图形，并对绘制的图形建立复合路径，效果如图 10-27 所示。

（1）新建一个宽度、高度分别为 400mm、233mm 的文档，并将【原色模式】设置为 RGB。双击矩形工具，将矩形填充色的 RGB 值设置为 62、62、62，轮廓色设置为无，然后再使用矩形工具在绘图区中绘制一个大小分别为 400mm、51mm 的矩形对象，将填充色的 RGB 值设置为 232、232、232，轮廓色设置为无，如图 10-28 所示。

图 10-27

（2）在工具箱中选中钢笔工具，在绘图区中绘制如图 10-29 所示的图形，填充色的 RGB 值设置为 161、30、39，轮廓色设置为无。

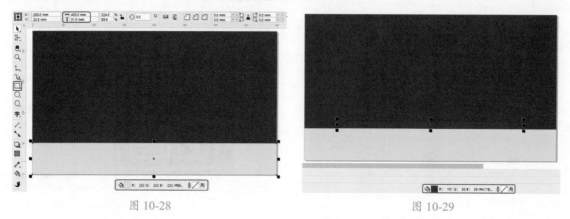

图 10-28   图 10-29

（3）使用钢笔工具在绘图区中绘制如图 10-30 所示的图形，将填充色的 RGB 值设置为 222、33、47，轮廓色设置为无。

（4）在工具箱中选中椭圆形工具，在绘图区中绘制一个大小为 23mm 的圆形对象，将填充色的 RGB 值设置为 255、255、0，轮廓色设置为无，效果如图 10-31 所示。

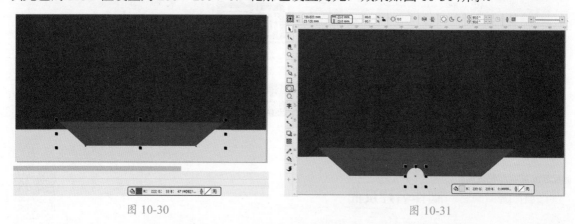

图 10-30   图 10-31

（5）在绘图区中选择红色图形与黄色圆形，在属性栏中单击【移除前面对象】按钮，然后使用椭圆形工具在绘图区中绘制一个对象大小为 14.5mm 的圆形，将填充色的 RGB 值设置为 222、33、47，轮廓色设置为无，然后再使用钢笔工具在绘图区中绘制一个黄色三角形，如图 10-32 所示。

（6）在绘图区中选择黄色三角形与红色圆形，在属性栏中单击【焊接】按钮，将两个图形焊接在一起，使用椭圆形工具在绘图区中绘制一个对象大小为 7mm 的圆形，将其填充为绿色，轮廓色设置为无，如图 10-33 所示。

（7）在绘图区中选择绿色圆形与红色焊接的图形，按 Ctrl+L 组合键将选中的两个图形进行合并。使用文本工具在绘图区中单击鼠标，输入文字，将【字体】设置为【Adobe 黑体 Std R】，字体大小设置为 23pt，将填充色的 RGB 值设置为 61、61、62，如图 10-34 所示。

（8）使用同样的方法在绘图区中输入其他文字，并进行相应的设置。根据前面所介绍的方法将 LOGO 图标添加至文档中，按 Ctrl+L 组合键，将其进行合并，选中合并后的图形，将其填充色的 RGB 值设置为 255、255、255，在工具箱中选中透明度工具，单击【均匀透明度】按钮，将【透明度】设置为 15，如图 10-35 所示。

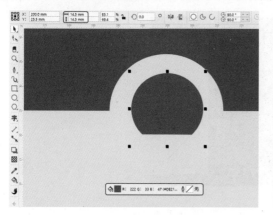

图 10-32

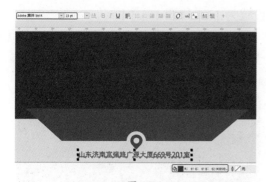

图 10-34

图 10-35

案例精讲 090　制作工作证正面

工作证是正式成员工作体现的证明，有了工作证就代表成为某个公司或单位组织的正式成员。本案例将介绍如何制作工作证正面，效果如图 10-36 所示。

（1）新建一个宽度、高度分别为 242mm、372mm 的文档，将【原色模式】设置为 RGB。双击矩形工具，将矩形填充色的 RGB 值设置为 48、53、61，轮廓色设置为无，然后再使用矩形工具在绘图区中绘制一个对象大小分别为 242mm、165mm 的矩形，将填充色的 RGB 值设置为 232、232、232，轮廓色设置为无，如图 10-37 所示。

（2）将名片反面的 LOGO 图标添加至文档中，并调整大小及位置。使用矩形工具在绘图区中绘制一个大小分别为 82mm、102mm 的

图 10-36

矩形对象，将所有的圆角半径均设置为3mm。按F12键，在弹出的【轮廓笔】对话框中将【颜色】的 RGB 值设置为 255、255、255，【宽度】设置为 1.4mm，在【风格】下拉列表中选择一种线条样式，如图 10-38 所示。

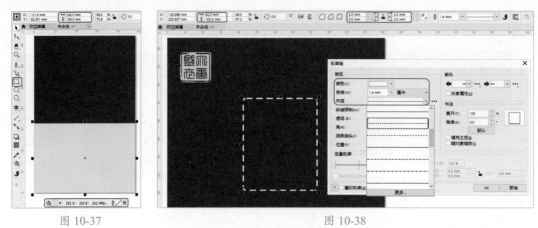

图 10-37   图 10-38

（3）设置完成后，单击 OK 按钮。选中绘制的矩形，在工具箱中选中透明度工具，在属性栏中单击【均匀透明度】按钮，将【透明度】设置为 20，如图 10-39 所示。

（4）将"素材 02.cdr"文件导入文档中，选中导入的素材文件，在工具箱中选中透明度工具，在属性栏中单击【均匀透明度】按钮，将【透明度】设置为 70，如图 10-40 所示。

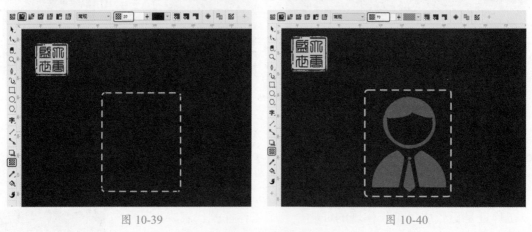

图 10-39   图 10-40

（5）根据前面所介绍的方法在绘图区中绘制图形，并输入标题名称，效果如图 10-41 所示。

（6）使用文本工具在绘图区中单击鼠标，输入文字，在【文本】泊坞窗中将【字体】设置为【创艺简老宋】，字体大小设置为 31pt，【行间距】设置为 240%，将填充色的 RGB 值设置为 2、5、13，如图 10-42 所示。

（7）在工具箱中选中 2 点线工具，在绘图区中绘制一条水平直线，将轮廓宽度设置为 0.4mm，将轮廓色设置为 2、5、14，如图 10-43 所示。

（8）使用同样的方法在绘图区中绘制其他水平直线，并进行相应的设置，效果如图 10-44 所示。

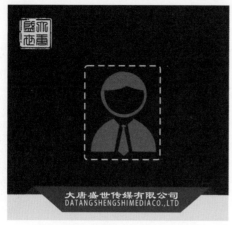

图 10-41

图 10-42

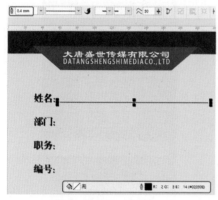

图 10-43

图 10-44

案例精讲 091　　制作工作证反面

本案例将介绍如何制作工作证反面，效果如图 10-45 所示。

（1）新建一个宽度、高度分别为 242mm、372mm 的文档，将【原色模式】设置为 RGB。双击矩形工具，新建一个与绘图区大小相同的矩形，按 F11 键，在弹出的【编辑填充】对话框中将左侧节点的 RGB 值设置为 180、3、15，将右侧节点的 RGB 值设置为 222、34、47，将【旋转】设置为 90°，如图 10-46 所示。

（2）设置完成后，单击 OK 按钮。将轮廓色设置为无，将"素材 03.cdr"文件导入文档中，使用文本工具在绘图区中单击鼠标，输入文字，将【字体】设置为【方正大标宋简体】，字体大小设置为 141pt，将填充色的 RGB 值设置为 255、255、255，如图 10-47 所示。

（3）打开场景 \Cha10\ 案例精讲 087 制作 LOGO.cdr 文件，选中如图 10-48 所示的对象。

（4）按 Ctrl+U 组合键，将导入的素材取消组合，对取消组合后的对象进行调整，效果如图 10-49 所示。

图 10-45

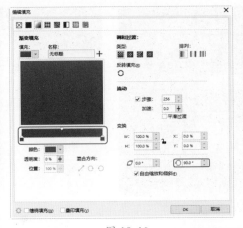
图 10-46

图 10-47

图 10-48

图 10-49

案例精讲 092　制作档案袋正面

　　档案袋属于办公用品，规格大小根据实际情况确定，其作用主要是容纳纸张档案。本案例将介绍档案袋正面的制作方法，效果如图 10-50 所示。

　　（1）打开"素材 04.cdr"文件，效果如图 10-51 所示。

　　（2）在工具箱中选中矩形工具，在绘图区中绘制一个大小分别为 130.5mm、179mm 的矩形对象，将填充色的 RGB 值设置为 251、230、203，轮廓色设置为无，效果如图 10-52 所示。

　　（3）选中绘制的矩形，在工具箱中选中阴影工具，在【预设】下拉列表中选择【小型辉光】选项，将【阴影不透明度】、【阴影羽化】分别设置为 25、6，将阴影颜色的 CMYK 值设置为 93、88、89、80，如图 10-53 所示。

图 10-50

（4）根据前面所介绍的方法将 LOGO 图标添加至文档中，使用文本工具在绘图区中单击鼠标，输入文字，将【字体】设置为【方正粗宋简体】，字体大小设置为 59pt，单击【将文本更改为垂直方向】按钮，将填充色的 RGB 值设置为 179、3、15，效果如图 10-54 所示。

图 10-51

图 10-52

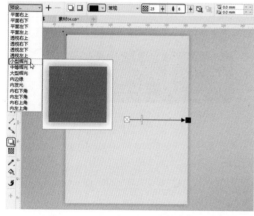

图 10-53

图 10-54

（5）使用矩形工具在绘图区中绘制一个大小分别为 130.5mm、11mm 的矩形对象，将填充色的 RGB 值设置为 179、3、15，轮廓色设置为无，如图 10-55 所示。

（6）使用文本工具在绘图区中输入文字，并进行相应的设置，如图 10-56 所示。

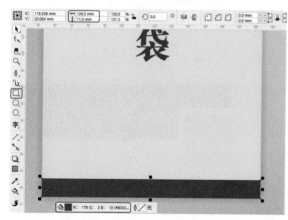

图 10-55

图 10-56

案例精讲 093　　制作档案袋反面

本案例将介绍档案袋反面的制作方法，效果如图 10-57所示。

（1）继续上一案例的操作，在【对象】泊坞窗中选择矩形与其下方的阴影群组，按 Ctrl+C 组合键进行复制，按 Ctrl+V 组合键进行粘贴，并调整其位置，效果如图 10-58所示。

（2）使用矩形工具在绘图区中绘制一个大小分别为121mm、33mm 的矩形对象，将圆角半径取消锁定，将圆角半径分别设置为 0mm、4.5mm、0mm、4.5mm，将填充色的RGB 值设置为 180、3、15，轮廓色设置为无，如图 10-59所示。

图 10-57

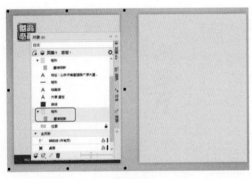

图 10-58

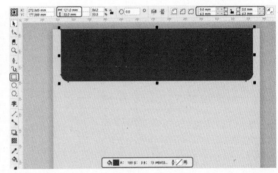

图 10-59

（3）按 Ctrl+Q 组合键将矩形转换为曲线，使用形状工具在绘图区中对转换后的图形进行调整，效果如图 10-60 所示。

（4）选中调整后的图形，在工具箱中选中阴影工具，在【预设】下拉列表中选择【小型辉光】选项，将阴影颜色的 CMYK 值设置为 0、0、0、100，【合并模式】设置为【乘】，【阴影偏移】分别设置为 0mm、–0.5mm，将阴影不透明度、阴影羽化分别设置为 30、3，如图 10-61 所示。

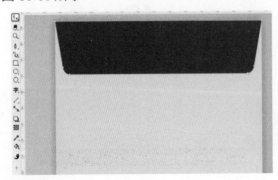

图 10-60

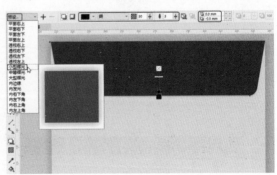

图 10-61

（5）在工具箱中选中椭圆形工具，在绘图区中绘制一个大小为 8.5mm 的圆形对象，将轮廓宽度设置为 4mm，将填充色设置为无，将轮廓色的 RGB 值设置为 234、232、232，如图 10-62 所示。

（6）选中绘制的圆形，按"+"键，对其进行复制，在属性栏中将对象大小设置为 5.6mm，将轮廓宽度设置为 2mm，将轮廓色的 RGB 值设置为 255、255、255，如图 10-63 所示。

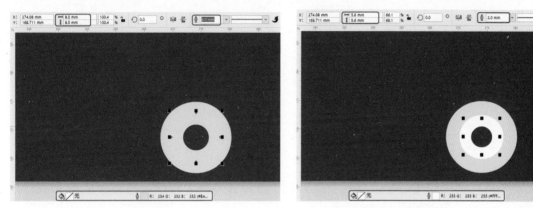

图 10-62

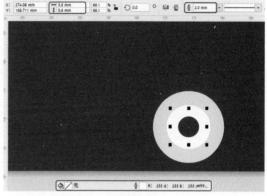

图 10-63

（7）在绘图区中选中两个圆形对象，按"+"键对其进行复制。选中复制后的对象，按 Ctrl+Shift+Q 组合键，将其轮廓转换为曲线，在属性栏中单击【焊接】按钮，将填充色的 RGB 值设置为 0、0、0。选中黑色圆形，在工具箱中选中透明度工具，在属性栏中单击【均匀透明度】按钮，将【透明度】设置为 70，并在绘图区中调整其位置与排放顺序，效果如图 10-64 所示。

（8）使用同样的方法在绘图区中绘制其他图形，并进行相应的设置，效果如图 10-65 所示。

图 10-64

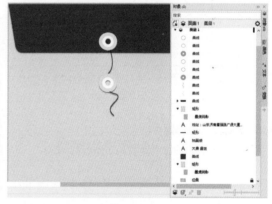

图 10-65

（9）根据前面所介绍的方法在绘图区中输入文字内容，使用 2 点线工具在绘图区中绘制多条水平直线，将轮廓宽度设置为 0.4mm，将轮廓色的 RGB 值设置为 180、3、15。选中绘制的直线，在工具箱中选中透明度工具，在属性栏中单击【均匀透明度】按钮，将【透明度】设置为 70，效果如图 10-66 所示。

（10）在工具箱中选中表格工具，在绘图区中绘制一个网格，将【行数】和【列数】分别设置为 7、2，将对象大小分别设置为 103mm、49mm，在【边框选择】下拉列表中选择【外部】选项，将【轮廓宽度】设置为 0.4mm，将轮廓色的 RGB 值设置为 180、3、15，在绘图区中调整表格的列宽，如图 10-67 所示。

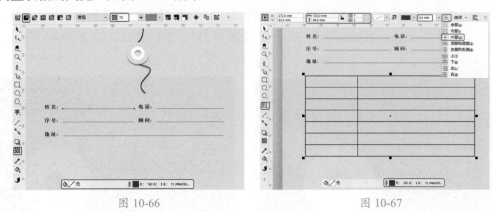

图 10-66   图 10-67

（11）在属性栏的【边框选择】下拉列表中选择【内部】选项，将轮廓色的 RGB 值设置为 180、3、15，效果如图 10-68 所示。

（12）根据前面所介绍的方法在绘图区中输入文字，并进行相应的设置，效果如图 10-69 所示。

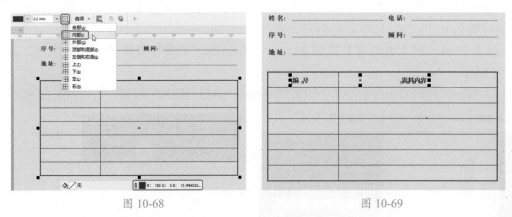

图 10-68   图 10-69

案例精讲 094   制作手提纸袋

本案例将介绍手提纸袋的设计，首先使用钢笔工具绘制出手提袋，然后为 LOGO 添加透视、倒影效果，如图 10-70 所示。

（1）打开"素材 05.cdr"文件，在工具箱中选中钢笔工具，在绘图区中绘制如图 10-71 所示的图形。

（2）选择绘制的图形，按 F11 键，弹出【编辑填充】对话框，将左侧节点的 CMYK 值设置为 24、31、41、0，将右侧节点的 CMYK 值设置为 32、43、58、0，取消选中【自由缩放和倾斜】复选框，将

图 10-70

W 设置为 67%，【旋转】设置为 –80°，如图 10-72 所示。

（3）单击 OK 按钮，将其轮廓色设置为无，使用钢笔工具在绘图区中绘制如图 10-73 所示的图形。

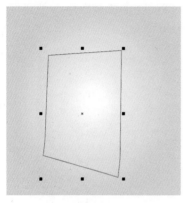
图 10-71

图 10-72

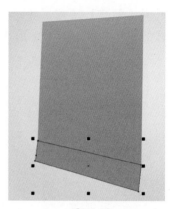
图 10-73

（4）按 F11 键，弹出【编辑填充】对话框，将左侧节点的 CMYK 值设置为 32、43、58、0，将右侧节点的 CMYK 值设置为 18、24、32、0，取消选中【自由缩放和倾斜】复选框，将 W 设置为 110%，【旋转】设置为 73°，如图 10-74 所示。

（5）单击 OK 按钮，将其轮廓色设置无，使用钢笔工具在绘图区中绘制如图 10-75 所示的图形。

（6）按 F11 键，弹出【编辑填充】对话框，将左侧节点的 CMYK 值设置为 49、60、79、5，在 49% 位置处添加一个节点，将其 CMYK 值设置为 55、68、90、18，将右侧节点的 CMYK 值设置为 58、76、100、34，取消选中【自由缩放和倾斜】复选框，将 W 设置为 65%，将【旋转】设置为 89°，如图 10-76 所示。

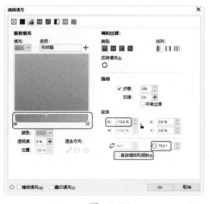
图 10-74

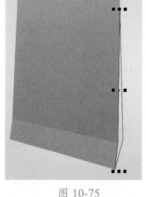
图 10-75

图 10-76

（7）单击 OK 按钮，将轮廓色设置为无，使用钢笔工具在绘图区中绘制如图 10-77 所示的图形。

（8）按 F11 键，弹出【编辑填充】对话框，将左侧节点的 CMYK 值设置为 35、46、62、0，在 34% 位置处添加一个节点，将其 CMYK 值设置为 46、55、71、1，将右侧节点的

CMYK 值设置为 55、63、81、11，取消选中【自由缩放和倾斜】复选框，将 W 设置为 66%，【旋转】设置为 169°，如图 10-78 所示。

（9）单击 OK 按钮，取消其轮廓色，继续选中该图形，右击鼠标，在弹出的快捷菜单中选择【顺序】|【置于此对象前】命令，在灰色对象上单击鼠标，调整图形排放顺序。使用同样的方法在绘图区中绘制其他图形，并填充渐变色，效果如图 10-79 所示。

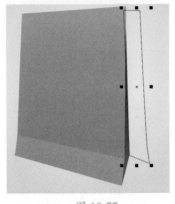

图 10-77　　　　　　　　　　图 10-78　　　　　　　　　　图 10-79

（10）在工具箱中选中椭圆形工具，在绘图区中绘制一个大小分别为 6.3mm、6.5mm 的椭圆形对象，将填充色的 CMYK 值设置为 55、63、81、11，轮廓色设置为无，效果如图 10-80 所示。

（11）继续使用椭圆形工具在绘图区中绘制两个椭圆形，选中绘制的两个椭圆形，按 Ctrl+L 组合键将其合并，如图 10-81 所示。

图 10-80　　　　　　　　　　　　　　　　　　图 10-81

（12）按 F11 键，弹出【编辑填充】对话框，单击【椭圆形渐变填充】按钮▦，将左侧节点的 CMYK 值设置为 82、77、75、55；在 7% 位置处添加一个节点，将其 CMYK 值设置为 47、38、36、0；在 18% 位置处添加一个节点，将其 CMYK 值设置为 0、0、0、0；在 31% 位置处添加一个节点，将其 CMYK 值设置为 58、50、47、0；在 78% 位置处添加一个节点，将其 CMYK 值设置为 93、88、89、80；将右侧节点的 CMYK 值设置为 93、88、89、80，将 X 设置为 -5%，选中【自由缩放和倾斜】复选框，如图 10-82 所示。

（13）设置完成后，单击 OK 按钮，取消轮廓色，在绘图区中选择所有的椭圆形，按"＋"键对其进行复制，并调整其位置，然后使用钢笔工具在绘图区中绘制如图 10-83 所示的图形，将其填充色的 CMYK 值设置为 42、60、69、0，轮廓色设置为无。

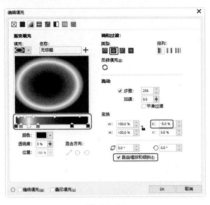
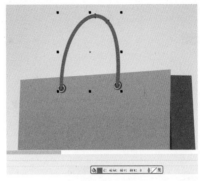

图 10-82　　　　　　　　　　　　　　　图 10-83

（14）使用同样的方法在绘图区中绘制其他图形，并调整其排放顺序，效果如图 10-84 所示。

（15）根据前面所介绍的方法将 LOGO 图标添加至文档中，将添加的图标进行编组。选中编组后的对象，在菜单栏中选择【对象】|【透视点】|【添加透视】命令，在绘图区中对其进行调整，效果如图 10-85 所示。

（16）在工具箱中选中钢笔工具，在绘图区中绘制如图 10-86 所示的图形。

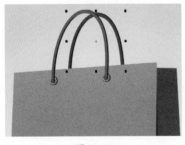

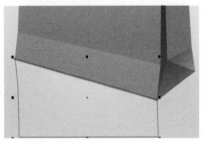

图 10-84　　　　　　　　　　图 10-85　　　　　　　　　　图 10-86

（17）按 F11 键，弹出【编辑填充】对话框，将左侧节点的 CMYK 值设置为 0、0、0、0，将右侧节点的 CMYK 值设置为 60、82、100、47，选中【缠绕填充】复选框，取消选中【自由缩放和倾斜】复选框，将 W 设置为 73%，将【旋转】设置为 75°，如图 10-87 所示。

（18）单击 OK 按钮，取消轮廓色，选中设置的图形，在工具箱中选中透明度工具，在属性栏中单击【渐变透明度】按钮，在绘图区中对渐变透明度进行调整，效果如图 10-88 所示。

（19）使用同样的方法在绘图区中绘制另一侧倒影效果，对其进行相应的设置，并调整其排放顺序，效果如图 10-89 所示。

（20）使用钢笔工具在绘图区中绘制如图 10-90 所示的图形，将其填充色的 CMYK 值设置为 0、0、0、0，轮廓色设置为无。在工具箱中选中透明度工具，在属性栏中单击【渐变透明度】按钮，在绘图区中对渐变透明度进行调整。

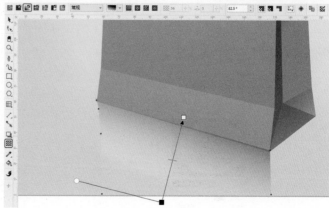

图 10-87

图 10-88

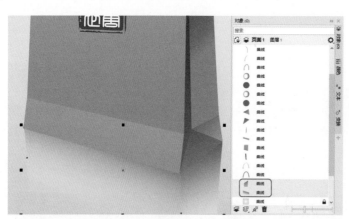

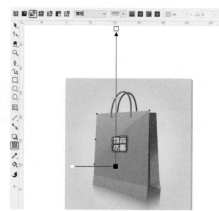

图 10-89

图 10-90

包装设计

本章导读：

　　包装设计是一门综合运用自然科学和美学知识，为在商品流通过程中更好地保护商品，并促进商品的销售而开设的专业学科。产品通过包装设计的特色来体现产品的独特新颖之处，以此来吸引更多的消费者前来购买，更有人把它当作礼品外送。因此，我们可以看出包装设计对产品的推广和建立品牌是至关重要的。

案例精讲 095　月饼包装盒设计

本案例将介绍如何制作月饼盒包装，主要利用矩形工具绘制包装盒背景，然后导入相应的素材文件，并使用文本工具输入文字，效果如图 11-1 所示。

图 11-1

（1）新建一个宽度、高度分别为 220mm、146mm 的文档，并将【原色模式】设置为 CMYK。在工具箱中双击矩形工具，创建一个与绘图区大小相同的矩形，将填充色的 CMYK 值设置为 7、100、100、0，使用默认的轮廓色，如图 11-2 所示。

（2）将"素材 01.cdr"文件导入文档中，并调整其位置，效果如图 11-3 所示。

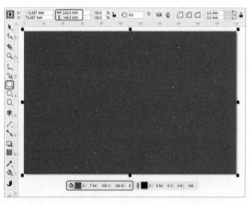

图 11-2

图 11-3

（3）将"素材 02.png""素材 03.png"和"素材 04.png"文件导入文档中，并在绘图区中调整其大小与位置，效果如图 11-4 所示。

（4）在工具箱中选中矩形工具，在绘图区中绘制一个大小为 220mm、146mm 的矩形对象，为其填充任意一种颜色，将轮廓色设置为无，如图 11-5 所示。

图 11-4

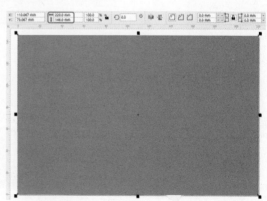

图 11-5

（5）在【对象】泊坞窗中选择"素材04.png"文件，右击鼠标，在弹出的快捷菜单中选择【PowerClip 内部】命令，如图11-6所示。

（6）当光标变为◆形状时，在矩形上单击鼠标，选中矩形，将其填充色设置为无，效果如图11-7所示。

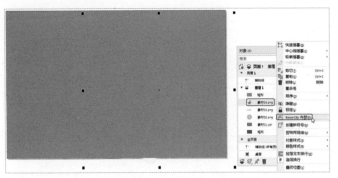

图 11-6　　　　　　　　　　　　　　　　　　　　　图 11-7

> **提示：**
> 若创建 PowerClip 内部效果后，发现需要对创建 PowerClip 内部中的对象进行调整，可以选择要调整的 PowerClip 对象，单击鼠标右键，在弹出的快捷菜单中选择【编辑 PowerClip】命令，执行该操作后，即可对 PowerClip 内部中的对象进行调整，单击【完成】按钮即可完成编辑。

（7）在工具箱中选中文本工具，在绘图区中单击鼠标，输入文字。选中输入的文字，将【字体】设置为【方正大标宋简体】，字体大小设置为45pt，单击【将文本更改为垂直方向】按钮，将填充色的 CMYK 值设置为79、65、87、43，如图11-8所示。

（8）在工具箱中选中文本工具，在绘图区中单击鼠标，输入文字。选中输入的文字，将【字体】设置为【方正大标宋简体】，字体大小设置为10pt，在【文本】泊坞窗中将【字符间距】设置为90%，单击【将文本更改为垂直方向】按钮，将填充色的 CMYK 值设置为72、53、93、15，如图11-9所示。

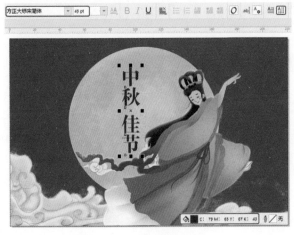

图 11-8　　　　　　　　　　　　　　　　　　　　　图 11-9

（9）使用同样的方法在绘图区中输入其他文字，并进行相应的设置，效果如图 11-10 所示。

（10）在工具箱中选中【2 点线工具】 ，在绘图区中绘制两条垂直直线，在属性栏中将轮廓宽度设置为 0.25mm，填充色设置为无，将轮廓色的 CMYK 值设置为 72、53、93、15，如图 11-11 所示。

图 11-10

图 11-11

（11）选中绘制的两条直线，在工具箱中选中【调和工具】 ，在【预设】下拉列表中选择【直接 8 步长】选项，将【调和对象】设置为 2，如图 11-12 所示。

（12）在工具箱中选中钢笔工具，在绘图区中绘制两个如图 11-13 所示的图形，将填充色的 CMYK 值设置为 2、6、25、0，轮廓色设置为无。

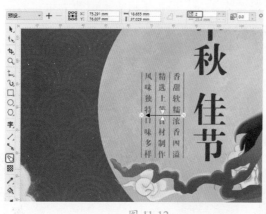
图 11-12

图 11-13

（13）使用钢笔工具在绘图区中绘制多个图形，将填充色的 CMYK 值设置为 0、0、0、0，轮廓色设置为无。选中绘制的图形，选中【透明度工具】 ，在属性栏中单击【均匀透明度】按钮，将【透明度】设置为 50，效果如图 11-14 所示。

（14）将"素材 05.png""素材 06.png""素材 07.png"文件导入文档中，并调整其大小与位置，效果如图 11-15 所示。

（15）在工具箱中选中文本工具，在绘图区中单击鼠标，输入文字。选中输入的文字，将【字体】设置为【Adobe 黑体 Std R】，字体大小设置为 10pt，在【文本】泊坞窗中将【字符间距】设置为 –20%，将填充色的 CMYK 值设置为 20、0、0、80，如图 11-16 所示。

　　（16）使用同样的方法在绘图区中制作其他内容，并进行相应的设置，效果如图 11-17 所示。

图 11-14

图 11-15

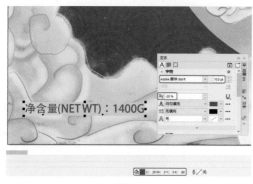

图 11-16

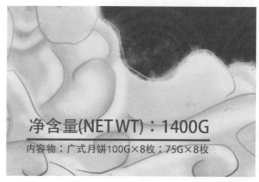

图 11-17

案例精讲 096	粽子包装盒设计

　　本案例将介绍如何制作粽子包装盒，主要使用文本工具在绘图区中输入文字，并进行相应的设置，然后使用 2 点线工具与调和工具制作条形线效果，如图 11-18 所示。

　　（1）新建一个宽度、高度分别为 743mm、330mm 的文档，将【原色模式】设置为 RGB。将 "素材 08.jpg" 文件导入文档中，并调整其大小与位置，效果如图 11-19 所示。

　　（2）在工具箱中选中文本工具，在绘图区中单击鼠标，输入文字 "粽"，选中输入的文字，将【字体】设置为【方正启笛繁体】，字体大小设置为 245pt。按 F11 键，在弹出的【编辑填充】对话框中将 0% 位置处色块的 RGB 值设置为 64、156、95，将 100% 位置

图 11-18

处色块的 RGB 值设置为 9、92、75，单击 OK 按钮，如图 11-20 所示。

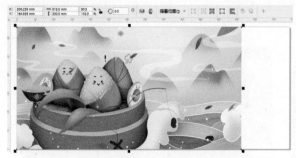
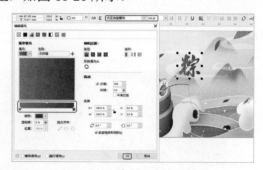

图 11-19 图 11-20

（3）使用同样的方法在绘图区中输入其他标题文字，并调整相应的文字大小，如图 11-21 所示。

（4）在工具箱中选中钢笔工具，在绘图区中绘制如图 11-22 所示的图形。按 F11 键，在弹出的【编辑填充】对话框中将 0% 位置处色块的 RGB 值设置为 64、156、95，将 100% 位置处色块的 RGB 值设置为 9、92、75，单击 OK 按钮，将轮廓色设置为无。

图 11-21 图 11-22

（5）在工具箱中选中文本工具，在绘图区中单击鼠标，输入文字。选中输入的文字，将【字体】设置为【文鼎细钢笔行楷】，字体大小设置为 22pt，单击【将文本更改为垂直方向】按钮，将填充色的 RGB 值设置为 255、255、255，如图 11-23 所示。

（6）按 F12 键，在弹出的【轮廓笔】对话框中将【宽度】设置为 0.2mm，将【颜色】的 RGB 值设置为 255、255、255，选中【填充之后】复选框，如图 11-24 所示。

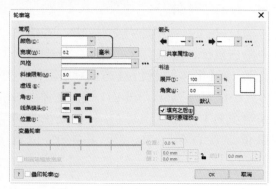

图 11-23 图 11-24

（7）设置完成后，单击 OK 按钮。使用文本工具在绘图区中单击鼠标，输入文字，将【字体】设置为 Berlin Sans FB，字体大小设置为 31pt。按 F11 键，在弹出的【编辑填充】对话框中将 0% 位置处色块的 RGB 值设置为 64、156、95，将 100% 位置处色块的 RGB 值设置为 9、92、75，单击 OK 按钮，如图 11-25 所示。

（8）在工具箱中选中 2 点线工具，在绘图区中绘制两条水平直线，将轮廓宽度设置为 0.25mm，将轮廓色的 RGB 值设置为 18、135、101，如图 11-26 所示。

图 11-25

图 11-26

（9）使用矩形工具在绘图区中绘制一个 130mm、330mm 的矩形对象，将填充色的 CMYK 值设置为 82、29、81、7，轮廓色设置为无。在工具箱中选中文本工具，输入文字，选中输入的文字，将【字体】设置为【Adobe 黑体 Std R】，字体大小设置为 18pt，在【文本】泊坞窗中将【行间距】设置为 166%，【字符间距】设置为 –15%，填充色设置为白色，如图 11-27 所示。

（10）使用 2 点线工具在绘图区中绘制两条水平直线，将轮廓宽度设置为 0.5mm，将轮廓色的 RGB 值设置为 74、83、89。选中绘制的两条水平直线，在工具箱中选中【调和工具】，在【预设】下拉列表中选择【直接 8 步长】选项，将【调和对象】设置为 13，如图 11-28 所示。

图 11-27

图 11-28

案例精讲 097 ◆◆◆◆◆◆◆ **茶叶包装盒设计**

本案例将介绍如何制作茶叶包装，使用矩形工具绘制图形，并为其添加阴影效果，然后使用文字工具输入文字，并置入相应的素材文件，完成茶叶包装的设计，效果如图 11-29 所示。

（1）按 Ctrl+O 组合键，打开素材 \Cha11\素材 09.cdr 文件，如图 11-30 所示。

（2）在工具箱中选中矩形工具，在绘图区中绘制一个大小分别为 117mm、320mm 的矩形对象，将填充色的 RGB 值设置为 51、115、55，轮廓色设置为无，效果如图 11-31 所示。

图 11-29

图 11-30

图 11-31

（3）选中绘制的矩形，在工具箱中选中阴影工具，拖曳出矩形的阴影，将阴影不透明度设置为 50，阴影羽化设置为 15，阴影颜色设置为黑色，【合并模式】设置为【乘】，如图 11-32 所示。

（4）在工具箱中选中文本工具，在绘图区中单击鼠标，输入文字。选中输入的文字，将【字体】设置为【方正启笛繁体】，字体大小设置为 128pt，单击【将文本更改为垂直方向】按钮，在【文本】泊坞窗中将【字符间距】设置为 –70%，填充色设置为白色，如图 11-33 所示。

图 11-32

图 11-33

（5）使用文本工具在绘图区中输入文字，选中输入的文字，将【字体】设置为【方正大标宋简体】，字体大小设置为 31pt，旋转角度设置为 270，填充色设置为白色，如图 11-34 所示。

（6）在工具箱中选中 2 点线工具，在绘图区中绘制一条垂直直线，将轮廓宽度设置为 1mm，填充色设置为无，轮廓色设置为白色，如图 11-35 所示。

图 11-34

图 11-35

（7）在工具箱中选中文本工具，在绘图区中输入文字，选中输入的文字，将【字体】设置为【方正黑体简体】，字体大小设置为 14pt，单击【将文本更改为垂直方向】按钮，在【文本】泊坞窗中将【字符间距】设置为 50%，【行间距】设置为 135%，填充色设置为白色，如图 11-36 所示。

（8）在工具箱中选中钢笔工具，在绘图区中绘制如图 11-37 所示的图形，将填充色的 RGB 值设置为 19、70、36，轮廓色设置为无。

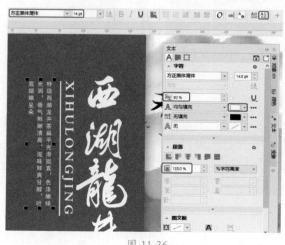

图 11-36

图 11-37

（9）使用钢笔工具在绘图区中绘制如图 11-38 所示的四个图形，将填充色的 RGB 值设置为 172、197、25，轮廓色设置为无。

（10）将"素材 10.cdr"文件导入文档中，并调整其位置。在工具箱中选中文本工具，在绘图区中单击鼠标，输入文字。选中输入的文字，将【字体】设置为【方正大标宋简体】，字体大小设置为 27pt，在【文本】泊坞窗中将【字符间距】设置为 15%，填充色设置为白色，如图 11-39 所示。

图 11-38

图 11-39

（11）在工具箱中选中文本工具，在绘图区中单击鼠标，输入文字。选中输入的文字，将【字体】设置为 Arial Unicode MS，字体大小设置为 11.7pt，填充色设置为白色，如图 11-40 所示。

（12）将"素材 11.png"文件导入文档中，在工具箱中选中钢笔工具，在绘图区中绘制如图 11-41 所示的图形，将填充色设置为白色，轮廓色设置为无。

图 11-40

图 11-41

（13）使用同样的方法在绘图区中绘制其他图形，将填充色设置为白色，轮廓色设置为无，如图 11-42 所示。

（14）在工具箱中选中文本工具，在绘图区中单击鼠标，输入文字。选中输入的文字，将【字体】设置为【方正粗宋简体】，字体大小设置为 20pt，填充色设置为白色，如图 11-43 所示。

图 11-42

图 11-43

（15）在工具箱中选中矩形工具，在绘图区中绘制一个 95mm、13mm 的矩形对象。按 F12 键，在弹出的【轮廓笔】对话框中将【宽度】设置为 0.5mm，将【颜色】的 RGB 值设置为白色，如图 11-44 所示。

（16）设置完成后，单击 OK 按钮。使用文本工具在绘图区中输入文字，将【字体】设置为【方正粗宋简体】，字体大小设置为 18pt，在【文本】泊坞窗中将【字符间距】设置为 110%，将填充色设置为白色，如图 11-45 所示。

图 11-44

图 11-45

（17）使用文本工具在绘图区中单击鼠标，输入文字，将【字体】设置为【汉仪中宋简】，字体大小设置为 12pt，单击【将文本更改为垂直方向】按钮，将【字符间距】设置为 20%，将填充色设置为 57、125、61，将【行间距】设置为 275%，如图 11-46 所示。

（18）使用同样的方法在绘图区中制作其他内容，并进行相应的设置，效果如图 11-47 所示。

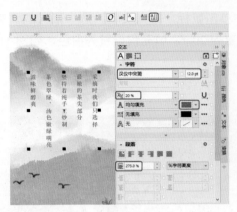
图 11-46

图 11-47

案例精讲 098   大米包装设计

本案例将介绍如何制作大米包装，首先导入素材文件，然后使用钢笔工具在绘图区中绘制图形，并为其添加调和效果，如图 11-48 所示。

（1）新建一个宽度、高度分别为 380mm、350mm 的文档，将【原色模式】设置为 CMYK。将"素材 12.jpg""素材 13.png"文件导入文档中，并调整其大小与位置，效果如图 11-49 所示。

（2）在工具箱中选中矩形工具，在绘图区中绘制一个 100mm、350mm 的矩形对象，将填充色设置为无，将轮廓色的 CMYK 值设置为 0、0、0、100，如图 11-50 所示。

图 11-48

图 11-49

图 11-50

（3）将"素材 14.png"文件导入文档中，调整其大小与位置，效果如图 11-51 所示。

（4）在工具箱中选中阴影工具，拖曳出人物阴影，在属性栏中将阴影不透明度设置为 100，阴影羽化设置为 6，如图 11-52 所示。

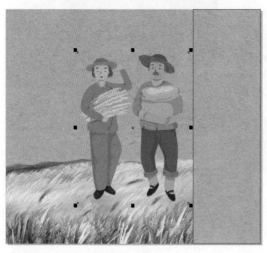

图 11-51

图 11-52

（5）在工具箱中选中矩形工具，在绘图区中绘制一个 85mm、198.5mm 的矩形对象，将圆角半径取消锁定，将圆角半径分别设置为 0mm、42.5mm、0mm、42.5mm，将填充色的 CMYK 值设置为 55、83、100、36，轮廓色设置为无，效果如图 11-53 所示。

（6）在工具箱中选中文本工具，在绘图区中单击鼠标，输入文字，将【字体】设置为 【汉仪蝶语体简】，字体大小设置为 120pt，将填充色的 CMYK 值设置为 11、36、62、0，如图 11-54 所示。

图 11-53

图 11-54

（7）使用同样的方法在绘图区中输入其他文本内容，效果如图 11-55 所示。

（8）在工具箱中选中钢笔工具，在绘图区中绘制如图 11-56 所示的图形，将填充色的

CMYK 值设置为 11、36、62、0，轮廓色设置为无。

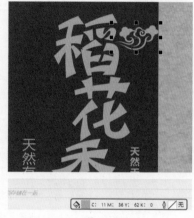

图 11-55　　　　　　　　　　　　　　　　　　图 11-56

（9）使用钢笔工具在绘图区中绘制如图 11-57 所示的两个图形，为其填充任意一种颜色，将轮廓色设置为无。

（10）选中绘制的三个图形，在属性栏中单击【移除前面对象】按钮，选中移除前面对象后的图形，按"+"键对选中的图形进行复制，在属性栏中单击【水平镜像】按钮，并调整其位置，效果如图 11-58 所示。

图 11-57　　　　　　　　　　　　　　　　　　图 11-58

（11）在工具箱中选中 2 点线工具，在绘图区中绘制一条垂直直线，将轮廓宽度设置为 0.75mm，填充色设置为无，轮廓色的 CMYK 值设置为 11、36、62、0，如图 11-59 所示。

（12）在工具箱中选中椭圆形工具，在绘图区中绘制一个大小为 2mm 的圆形对象，将填充色的 CMYK 值设置为 11、36、62、0，轮廓色设置为无，效果如图 11-60 所示。

（13）将"素材 15.cdr"文件导入文档中，并在绘图区中调整其位置，效果如图 11-61 所示。

（14）使用钢笔工具在绘图区中绘制如图 11-62 所示的图形，将轮廓宽度设置为 1mm，填充色设置为无，轮廓色的 CMYK 值设置为 11、36、62、0。

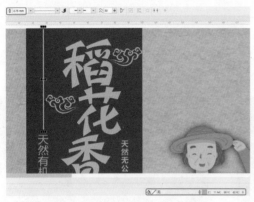

图 11-59

图 11-60

图 11-61

图 11-62

（15）选中绘制的两个图形，在工具箱中选中调和工具，在【预设】下拉列表中选择【环绕调和】选项，将【调和对象】设置为11，【调和方向】设置为130，如图 11-63 所示。

（16）选中调和的对象，右击鼠标，在弹出的快捷菜单中选择【拆分混合】命令，如图 11-64 所示。

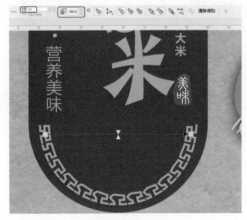

图 11-63

图 11-64

（17）选中拆分调和后的对象，在属性栏中单击【焊接】按钮 ⬚，在工具箱中选中形状工具，在绘图区中调整焊接后的图形，效果如图 11-65 所示。

（18）使用钢笔工具在绘图区中绘制如图 11-66 所示的图形，将填充色的 CMYK 值设置为 11、36、62、0，轮廓色设置为无。

图 11-65　　　　　　　　　　　　　　　图 11-66

（19）在工具箱中选中椭圆形工具，在绘图区中绘制一个大小为 24mm 的圆形对象，将填充色的 CMYK 值设置为 21、100、100、0，轮廓色设置为无，效果如图 11-67 所示。

（20）选中绘制的圆形，在工具箱中选中【变形工具】 ⬚，在属性栏中单击【拉链变形】按钮 ⬚，将【拉链振幅】、【拉链频率】分别设置为 24、5，单击【平滑变形】按钮，如图 11-68 所示。

💡 提示：
　　对象变形后，可通过改变变形中心来改变效果。此点由菱形控制柄确定，变形在控制柄周围产生。可以将变形中心放在绘图窗口中的任意位置，或者将其定位在对象的中心位置，这样变形就会均匀分布，而且对象的形状也会随中心的改变而改变。

图 11-67

图 11-68

（21）在工具箱中选中椭圆形工具，在绘图区中绘制一个大小为 16mm 的圆形对象，将填充色的 CMYK 值设置为 0、0、0、0，轮廓色设置为无，效果如图 11-69 所示。

（22）在工具箱中选中钢笔工具，在绘图区中绘制如图 11-70 所示的多个图形，并为其填充任意一种颜色，将轮廓色设置为无。

图 11-69

图 11-70

（23）选中新绘制的多个图形与白色圆形，在属性栏中单击【移除前面对象】按钮，再使用椭圆形工具在绘图区中绘制一个大小为 19mm 的圆形对象，将轮廓宽度设置为 0.4mm，填充色设置为无，将轮廓色的 CMYK 值设置为 0、0、0、0，效果如图 11-71 所示。

（24）使用同样的方法在绘图区中绘制其他图形，并进行相应的设置，效果如图 11-72 所示。

图 11-71

图 11-72

（25）使用钢笔工具在绘图区中绘制如图 11-73 所示的图形，将填充色的 CMYK 值设置为 0、16、33、0，轮廓色设置为无。

（26）选中绘制的图形，按"+"键对其进行复制，将复制后的对象的填充色 CMYK 值设置为 21、100、100、0，并调整其大小与位置，效果如图 11-74 所示。

（27）在工具箱中选中文本工具，在绘图区中单击鼠标，输入文字，将【字体】设置为【微软雅黑】，字体大小设置为 26pt，单击【粗体】按钮，在【文本】泊坞窗中将【字符间距】设置为 50%，将填充色的 CMYK 值设置为 0、0、0、0，如图 11-75 所示。

（28）使用同样的方法在绘图区中输入其他文本内容，并绘制直线，效果如图 11-76 所示。

图 11-73

图 11-74

图 11-75

图 11-76

（29）将"素材 16.cdr"文件导入文档中，将旋转角度设置为 270，并在绘图区中调整其位置，效果如图 11-77 所示。

（30）在工具箱中选中矩形工具，在绘图区中绘制一个大小分别为 280mm、350mm 的矩形对象，将填充色设置为无，使用默认轮廓，效果如图 11-78 所示。

图 11-77

图 11-78

案例精讲 099 **核桃包装盒设计**

本案例将介绍如何制作核桃包装盒，主要使用矩形工具、椭圆形工具、钢笔工具绘制图形，并使用调和工具与橡皮擦工具对绘制的图形进行修饰，效果如图 11-79 所示。

图 11-79

（1）按 Ctrl+O 组合键，打开素材 \Cha09\ 素材 17.cdr 文件，效果如图 11-80 所示。

（2）在工具箱中选中矩形工具，在绘图区中绘制一个大小分别为 164mm、314mm 的矩形对象，将填充色的 CMYK 值设置为 55、83、100、36，轮廓色设置为无，效果如图 11-81 所示。

图 11-80

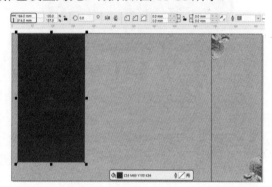

图 11-81

（3）在工具箱中选中椭圆形工具，在绘图区中绘制一个大小为 19mm 的圆形对象，将 X、Y 分别设置为 53mm、330mm，将填充色设置为无。按 F12 键，在弹出的【轮廓笔】对话框中将【宽度】设置为 0.75mm，将【颜色】的 CMYK 值设置为 11、36、62、0，如图 11-82 所示。

（4）设置完成后，单击 OK 按钮。选中绘制后的圆形，按"+"键对其进行复制，选中复制后的对象，在属性栏中将对象大小设置为 15.5mm，将填充色的 CMYK 值设置为 11、36、62、0，轮廓色设置为无，效果如图 11-83 所示。

图 11-82

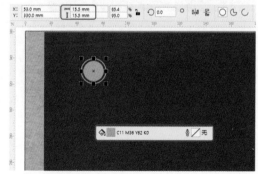

图 11-83

（5）选中绘制的两个圆形，按 Ctrl+G 组合键，将其进行编组，选中编组后的对象，按"+"键对其进行复制，将 X、Y 分别设置为 141mm、330mm，效果如图 11-84 所示。

（6）选中两个编组的圆形对象，在工具箱中选中调和工具，在【预设】下拉列表中选择【直接 8 步长】选项，将【调和对象】设置为 3，如图 11-85 所示。

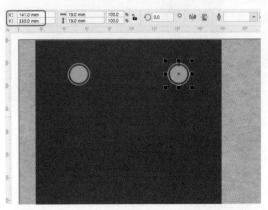
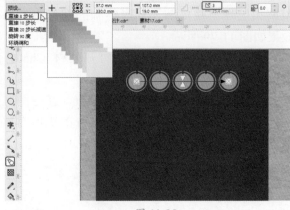

图 11-84   图 11-85

（7）在工具箱中选中文本工具，在绘图区中单击鼠标，输入文字。选中输入的文字，将【字体】设置为【方正兰亭粗黑简体】，字体大小设置为 33pt，【字符间距】设置为 300%，将填充色的 CMYK 值设置为 55、83、100、36，如图 11-86 所示。

（8）在工具箱中选中文本工具，在绘图区中单击鼠标，输入文字，将【字体】设置为【微软雅黑】，字体大小设置为 20pt，单击【粗体】按钮，将填充色的 CMYK 值设置为 11、36、62、0，如图 11-87 所示。

图 11- 86   图 11-87

（9）使用矩形工具在绘图区中绘制一个大小分别为 138mm、227mm 的矩形对象，在属性栏中单击【倒棱角】按钮，将所有角半径均设置为 21mm，将填充色设置为无。按 F12 键，在弹出的对话框中将【宽度】设置为 0.6mm，将【颜色】的 CMYK 值设置为 11、36、62、0，如图 11-88 所示。

（10）设置完成后，单击 OK 按钮。选中绘制的矩形，按"+"键对其进行复制，选中复制后的对象，将对象大小分别设置为 144mm、233mm。按 F12 键，在弹出的对话框中将【宽度】设置为 1.7mm，如图 11-89 所示。

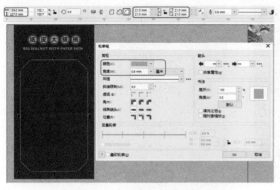
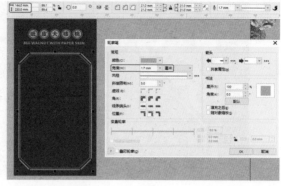

图 11-88　　　　　　　　　　　　　　　　图 11-89

（11）设置完成后，单击 OK 按钮。按 Ctrl+Shift+Q 组合键将轮廓转换为对象，然后在工具箱中选择橡皮擦工具，在属性栏中单击【圆形笔尖】按钮◯，在绘图区中对图形进行擦除，效果如图 11-90 所示。

（12）在工具箱中选中钢笔工具，在绘图区中绘制如图 11-91 所示的图形，将填充色的 CMYK 值设置为 11、36、62、0，轮廓色设置为无。

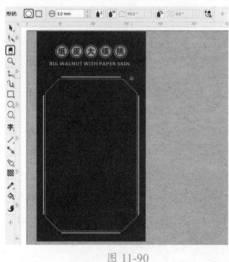

图 11-90　　　　　　　　　　　　　　　　图 11-91

（13）使用钢笔工具在绘图区中绘制如图 11-92 所示的两个图形，将其填充色设置为绿色，轮廓色设置为无。

（14）在绘图区中选择黄色图形与两个绿色图形，在属性栏中单击【移除前面对象】按钮，然后对移除前面对象的图形进行复制，并调整其角度与位置，效果如图 11-93 所示。

（15）在工具箱中选中文本工具，在绘图区中单击鼠标，输入文字。选中输入的文字，将【字体】设置为【腾祥铁山楷书繁】，字体大小设置为 180pt，将填充色的 CMYK 值设置为 11、36、62、0。按 F12 键，在弹出的对话框中将【宽度】设置为【细线】，将【颜色】的 CMYK 值设置为 11、36、62、0，如图 11-94 所示。

（16）设置完成后，单击 OK 按钮，使用同样的方法在绘图区中输入其他文字，效果如图 11-95 所示。

图 11-92

图 11-93

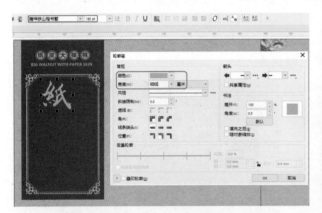

图 11-94

图 11-95

（17）使用钢笔工具在绘图区中绘制如图 11-96 所示的图形，将填充色的 CMYK 值设置为 11、36、62、0，轮廓色设置为无。

（18）选中绘制的图形，按"+"键对其进行复制，并调整其位置，效果如图 11-97 所示。

图 11-96

图 11-97

（19）将"素材18.cdr""素材19.cdr"文件导入文档中，并调整其大小与位置，根据前面所介绍的方法在绘图区中绘制其他图形并输入文本，效果如图11-98所示。

（20）在工具箱中选中文本工具，在绘图区中单击鼠标，输入文字，将【字体】设置为【微软雅黑】，字体大小设置为28pt，单击【粗体】按钮，将填充色的CMYK值设置为55、83、100、36，如图11-99所示。

图 11-98

图 11-99

（21）使用同样的方法在绘图区中绘制其他图形并输入文字，效果如图11-100所示。

（22）将"素材20.cdr"文件导入文档中，并调整其位置，效果如图11-101所示。

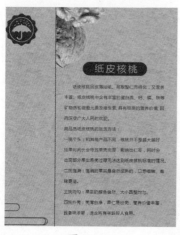

图 11-100

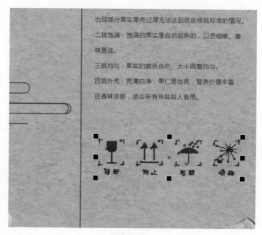

图 11-101

案例精讲 100　海鲜包装盒设计

本案例将介绍如何制作海鲜包装礼盒，主要使用钢笔工具绘制标题底部图案，并为其添加阴影效果，然后导入相应的素材文件，输入文字，并使用艺术笔工具绘制文字底纹图案，效果如图11-102所示。

（1）新建一个宽度、高度分别为616mm、360mm的文档，将【原色模式】设置为CMYK。使用矩形工具在绘图区中绘制一个大小分别为490mm、360mm的矩形对象，将填充色的 CMYK 值设置为 96、63、35、0，使用默认的轮廓色，如图 11-103 所示。

（2）在工具箱中选中钢笔工具，在绘图区中绘制如图 11-104 所示的图形，将填充色的 CMYK 值设置为 0、0、0、0，轮廓色设置为无。

图 11-102

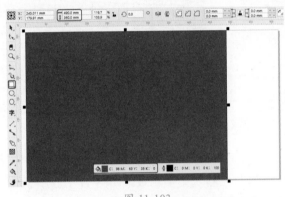

图 11-103

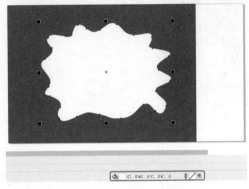

图 11-104

（3）在工具箱中选中椭圆形工具，在绘图区中绘制多个圆形，将填充色的 CMYK 值设置为 0、0、0、0，轮廓色设置为无，效果如图 11-105 所示。

（4）在绘图区中选中所有的白色图形，按 Ctrl+G 组合键将选中的对象进行编组，在工具箱中选中阴影工具，在【预设】下拉列表中选择【平面右下】选项，将【阴影偏移】分别设置为 3mm、−4mm，将阴影不透明度、阴影羽化分别设置为 22、0，将阴影颜色的 CMYK 值设置为 78、28、18、0，【合并模式】设置为【乘】，如图 11-106 所示。

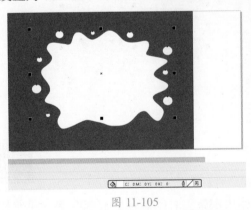

图 11-105

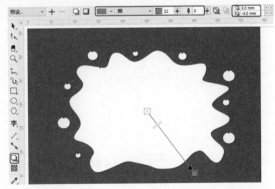

图 11-106

（5）将"素材 21.png"文件导入文档中，并在绘图区中调整其大小与位置，效果如图 11-107 所示。

（6）将"素材 22.png"文件导入文档中，在绘图区中调整其位置，效果如图 11-108 所示。

图 11-107   图 11-108

（7）使用同样的方法将"素材 23.png"文件导入文档中，并对其进行调整，如图 11-109 所示。

（8）在工具箱中选中文本工具，在绘图区中单击鼠标，输入文字，将【字体】设置为【腾祥铁山楷书繁】，字体大小设置为 247pt，将填充色的 CMYK 值设置为 0、0、0、100，效果如图 11-110 所示。

图 11-109   图 11-110

（9）在工具箱中选中椭圆形工具，在绘图区中绘制一个大小为 56mm 的圆形对象，将填充色的 CMYK 值设置为 21、100、100、0，轮廓色设置为无，如图 11-111 所示。

（10）在工具箱中选中文本工具，在绘图区中单击鼠标，输入文字，将【字体】设置为【腾祥铁山楷书繁】，字体大小设置为 129pt，将填充色的 CMYK 值设置为 0、0、0、0，效果如图 11-112 所示。

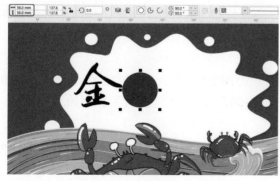

图 11-111   图 11-112

（11）使用同样的方法在绘图区中输入其他文字，并进行相应的设置，如图 11-113 所示。

（12）在工具箱中选中矩形工具，在绘图区中绘制一个大小为 15.5mm 的矩形对象，在属性栏中将所有的圆角半径均设置为 2mm，将填充色的 CMYK 值设置为 0、60、80、0，轮廓色设置为无，效果如图 11-114 所示。

图 11-113

图 11-114

（13）选中绘制的圆角矩形，在工具箱中选中【涂抹工具】，在属性栏中将笔尖半径设置为 3mm，将【压力】设置为 85，单击【尖状涂抹】按钮，在绘图区中对圆角矩形进行涂抹，效果如图 11-115 所示。

（14）对涂抹后的图形进行复制，并调整其位置，使用文本工具在绘图区中单击鼠标，输入文字，将【字体】设置为【方正大标宋简体】，字体大小设置为 38pt，【字符间距】设置为 85%，将填充色的 CMYK 值设置为 0、0、0、0，效果如图 11-116 所示。

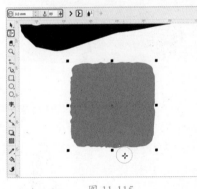

图 11-115

图 11-116

（15）根据前面所介绍的方法在绘图区中绘制其他图形并输入文字，如图 11-117 所示。

（16）将"素材 24.cdr"文件导入文档中，并在绘图区中调整其位置，效果如图 11-118 所示。

（17）在工具箱中选中椭圆形工具，在绘图区中绘制一个大小分别为 69mm、37mm 的椭圆形对象，将填充色的 CMYK 值设置为 0、0、100、0，轮廓色设置为无，效果如图 11-119 所示。

（18）选中绘制的椭圆形，按"+"键对其进行复制，将复制后的椭圆形的填充色 CMYK 值设置为 0、0、0、0，并向下调整复制图形的位置，效果如图 11-120 所示。

图 11-117

图 11-118

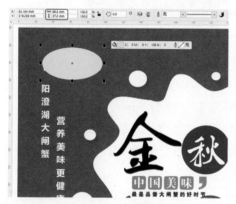

图 11-119

图 11-120

（19）在绘图区中选择黄色的椭圆形，然后按住 Shift 键选择白色椭圆形，按 Ctrl+L 组合键，将选中的椭圆形进行合并，如图 11-121 所示。

（20）使用矩形工具在绘图区中绘制一个大小分别为 126mm、360mm 的矩形对象，将填充色的 CMYK 值设置为 96、63、35、0，使用默认轮廓参数，效果如图 11-122 所示。

图 11-121

图 11-122

（21）在工具箱中选中【艺术笔工具】，在属性栏中单击【笔刷】按钮，将【类别】设置为【底纹】，在【笔刷笔触】下拉列表中选择一种笔触，将【手绘平滑】、【笔触宽度】分别设置为 30、17，在绘图区中进行绘制，并将填充色的 CMYK 值设置为 74、22、35、0，轮廓色设置为无，如图 11-123 所示。

（22）使用文本工具在绘图区中单击鼠标，输入文字，将【字体】设置为【腾祥铁山楷书繁】，字体大小设置为 78pt，旋转角度设置为 10，【字符间距】设置为 –40%，将填充色的 CMYK 值设置为 0、0、0、0，效果如图 11-124 所示。

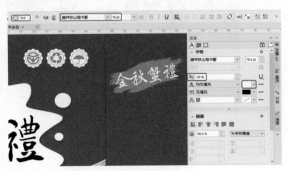

图 11-123　　　　　　　　　　　　　　　　　　图 11-124

（23）将"素材 25.cdr"文件导入文档中，并调整其位置。使用矩形工具在绘图区中绘制一个大小分别为 105mm、218mm 的矩形对象，将所有的圆角半径均设置为 5mm，将填充色设置为无。按 F12 键，在弹出的对话框中将【宽度】设置为 1mm，将【颜色】的 CMYK 值设置为 0、0、0、0，在【风格】下拉列表中选择一种线条样式，如图 11-125 所示。

（24）设置完成，单击 OK 按钮。根据前面所介绍的方法在绘图区中输入文字内容，效果如图 11-126 所示。

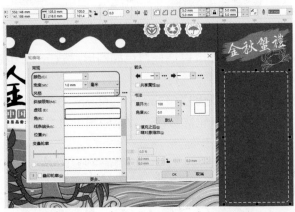

图 11-125　　　　　　　　　　　　　　　　　　图 11-126

（25）将"素材 20.cdr"文件导入文档中，在绘图区中调整其大小与位置，将其填充色的 CMYK 值设置为 0、0、0、0，效果如图 11-127 所示。

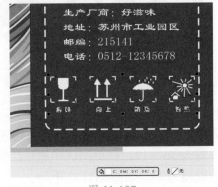

图 11-127

Chapter

12

服装设计

本章导读:

　　服装设计属于工艺美术范畴,是实用性和艺术性相结合的一种艺术形式。设计指计划、构思、设立方案,也含有意象、作图、造型之意,而服装设计的定义就是解决人们穿着体系中诸问题的富有创造性的计划及创作行为。

案例精讲101 **工作服正面**

本案例主要讲解如何制作工作服正面，首先使用钢笔工具绘制工作服的轮廓，然后为图形填充颜色，最后添加公司的标志，最终达到我们所需的效果，如图 12-1 所示。

（1）按 Ctrl+N 组合键，在弹出的对话框中将单位设置为【毫米】，将【宽度】、【高度】分别设置为 543mm、307mm，【原色模式】设置为 RGB，单击 OK 按钮。在工具箱中选中【矩形工具】□，绘制大小为 543mm、307mm 的矩形对象，将填充色的 RGB 值设置为 232、232、232，轮廓色设置为无，如图 12-2 所示。

图 12-1

（2）在工具箱中选中钢笔工具，在绘图区中绘制工作服轮廓，将填充色的 RGB 值设置为 56、52、52，轮廓色设置为无，效果如图 12-3 所示。

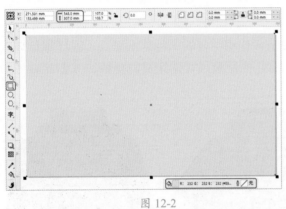

图 12-2

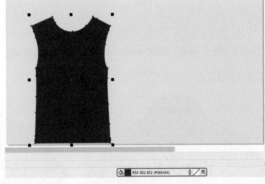

图 12-3

（3）使用钢笔工具在绘图区中绘制工作服的袖子，将填充色的 RGB 值设置为 247、0、0，轮廓色设置为无，效果如图 12-4 所示。

（4）使用钢笔工具在绘图区中绘制工作服的袖口，将填充色的 RGB 值设置为 56、52、52，轮廓色设置为无，效果如图 12-5 所示。

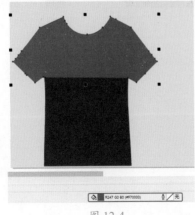

图 12-4

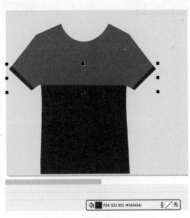

图 12-5

（5）使用钢笔工具在绘图区中绘制工作服的轮廓线，将填充色设置为无，将轮廓色的 RGB 值设置为 0、0、0，在属性栏中将【轮廓宽度】设置为 5.6pt，如图 12-6 所示。

（6）使用钢笔工具在绘图区中绘制工作服的领口部分，将填充色的 RGB 值设置为 22、22、21，轮廓色设置为无，如图 12-7 所示。

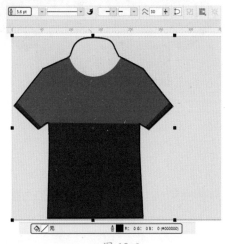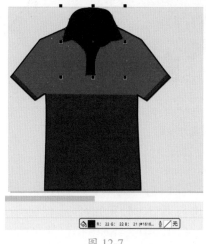

图 12-6　　　　　　　　　　　　　　　　　图 12-7

（7）使用钢笔工具在绘图区中绘制如图 12-8 所示的图形，将填充色的 RGB 值设置为 56、52、52，轮廓色设置为无。

（8）在工具箱中选中【椭圆形工具】○，在绘图区中绘制两个大小为 6.6mm 的正圆对象，将填充色的 RGB 值设置为 255、255、255，轮廓色设置为无，如图 12-9 所示。

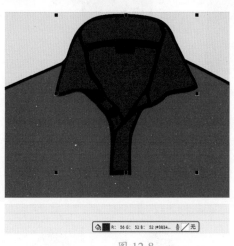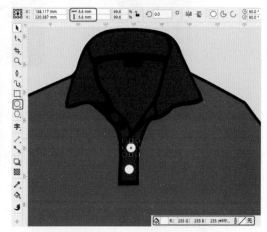

图 12-8　　　　　　　　　　　　　　　　　图 12-9

（9）在工具箱中选中钢笔工具，在绘图区中绘制如图 12-10 所示的两根线条，将填充色设置为无，将轮廓色的 RGB 值设置为 0、0、0，在属性栏中将轮廓宽度设置为 4.2pt。

（10）将素材 \Cha12\ 素材 01.cdr 文件导入文档中，并在绘图区中调整其位置，效果如图 12-11 所示。

图 12-10   图 12-11

案例精讲 102   **工作服反面**

　　接下来将介绍如何制作工作服反面，主要对前面所制作的工作服正面进行复制，并对复制后的对象进行调整，效果如图 12-12 所示。

　　（1）在绘图区中选择如图 12-13 所示的工作服正面图形，按"+"键对其进行复制，并调整复制对象的位置。

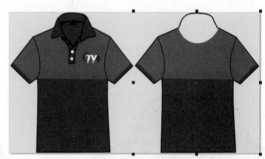

图 12-12   图 12-13

　　（2）在工具箱中选中形状工具，在绘图区中对图形进行调整，效果如图 12-14 所示。

　　（3）在工具箱中选中文本工具，在绘图区中单击鼠标，输入文字。选中输入的文字，在属性栏中将【字体】设置为【汉仪大隶书简】，字体大小设置为 70pt，将填充色的 RGB 值设置为 255、255、255，如图 12-15 所示。

图 12-14   图 12-15

运动卫衣

本案例将介绍如何制作运动卫衣，主要使用钢笔工具来绘制男士卫衣的轮廓，然后对图形轮廓填充均匀颜色和渐变颜色，从而达到最佳效果，如图12-16所示。

（1）按Ctrl+N组合键，在弹出的对话框中将单位设置为【毫米】，将【宽度】、【高度】分别设置为210mm、285mm，将【原色模式】设置为RGB，单击OK按钮。在菜单栏中选择【布局】|【页面背景】命令，如图12-17所示。

（2）在弹出的【选项】对话框中选中【纯色】单选按钮，将颜色的RGB值设置为238、238、239，如图12-18所示。

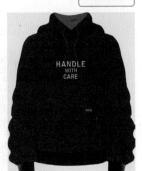

图12-16

图12-17

图12-18

（3）设置完成后，单击OK按钮。在工具箱中选中钢笔工具，在绘图区中绘制如图12-19所示的图形，将填充色的RGB值设置为36、36、36，将轮廓色的RGB值设置为0、0、0。

（4）使用钢笔工具在绘图区中绘制如图12-20所示的图形，将填充色的RGB值设置为36、36、36，将轮廓色的RGB值设置为0、0、0。

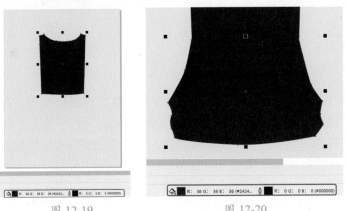

图12-19　　　　　　　　　　　　图12-20

（5）使用钢笔工具在绘图区中绘制左侧袖子部分，将填充色的 RGB 值设置为 36、36、36，将轮廓色的 RGB 值设置为 0、0、0，如图 12-21 所示。

（6）使用钢笔工具在绘图区中绘制左侧袖口部分，将轮廓色的 RGB 值设置为 0、0、0，在属性栏中将轮廓宽度设置为 0.3pt，如图 12-22 所示。

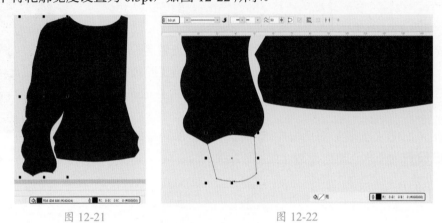

图 12-21   图 12-22

（7）按 F11 键，在弹出的【编辑填充】对话框中将左侧节点的 RGB 值设置为 129、142、150；在 44% 位置处添加节点，将其 RGB 值设置为 0、0、0；将右侧节点的 RGB 值设置为 34、37、42，选中【自由缩放和倾斜】复选框，如图 12-23 所示。

（8）设置完成后，单击 OK 按钮。使用钢笔工具在绘图区中绘制一个图形，将填充色的 RGB 值设置为 179、179、179，将轮廓色的 RGB 值设置为 0、0、0，在属性栏中将轮廓宽度设置为 0.3pt，如图 12-24 所示。

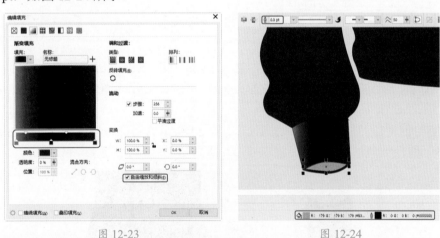

图 12-23   图 12-24

（9）在绘图区中选择左侧的衣袖部分，按"+"键对衣袖进行复制，在属性栏中单击【水平镜像】按钮，对选中的对象进行镜像，并调整其位置。使用钢笔工具在绘图区中绘制两个图形，将填充色的 RGB 值设置为 36、36、36，将轮廓色的 RGB 值设置为 0、0、0，在属性栏中将轮廓宽度设置为 0.5pt，如图 12-25 所示。

（10）使用钢笔工具在绘图区中绘制一个图形，将填充色的 RGB 值设置为 21、21、21，将轮廓色的 RGB 值设置为 0、0、0，在属性栏中将轮廓宽度设置为 0.5pt，如图 12-26 所示。

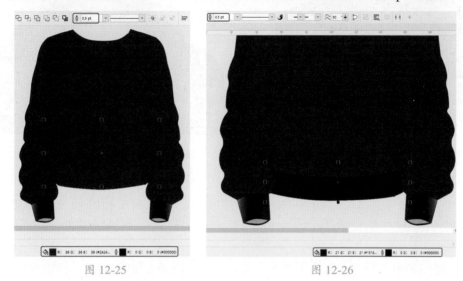

图 12-25　　　　　　　　　　　　　　　　图 12-26

（11）使用钢笔工具在绘图区中绘制卫衣领子部分，将填充色的 RGB 值设置为 32、32、32，将轮廓色的 RGB 值设置为 0、0、0，如图 12-27 所示。

（12）使用钢笔工具在绘图区中绘制卫衣领口部分，将填充色的 RGB 值设置为 84、84、84，将轮廓色的 RGB 值设置为 0、0、0，如图 12-28 所示。

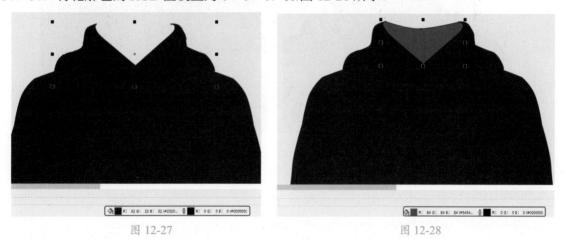

图 12-27　　　　　　　　　　　　　　　　图 12-28

（13）在工具箱中选中椭圆形工具，在绘图区中绘制一个大小为 11mm、3mm 的椭圆形对象，在属性栏中将旋转角度设置为 12，将填充色的 RGB 值设置为 63、63、63，轮廓色设置为无，如图 12-29 所示。

（14）使用钢笔工具在绘图区中绘制多条线条，制作领口褶皱效果，将填充色设置为无，将轮廓色的 RGB 值设置为 15、15、15，在属性栏中将轮廓宽度设置为 0.5 pt，如图 12-30 所示。

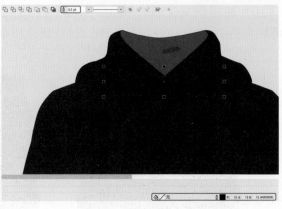

图 12-29 图 12-30

（15）使用钢笔工具在绘图区中绘制两条线条，制作帽子装饰线，将填充色设置为无，将轮廓色的 RGB 值设置为 156、156、156，在属性栏中将轮廓宽度设置为 0.5 pt，如图 12-31 所示。

（16）使用钢笔工具在绘图区中绘制多条线条，制作衣服褶皱效果，将填充色设置为无，将轮廓色的 RGB 值设置为 24、24、24，在属性栏中将轮廓宽度设置为 0.5 pt，如图 12-32 所示。

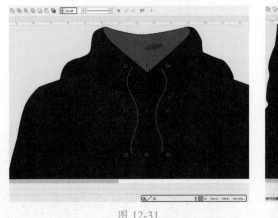

图 12-31 图 12-32

（17）使用钢笔工具在绘图区中绘制两个图形，将填充色的 RGB 值设置为 24、24、24，将轮廓色的 RGB 值设置为 24、24、24，如图 12-33 所示。

（18）在工具箱中选中文本工具，在绘图区中单击鼠标，输入文字。选中输入的文字，在【文本】泊坞窗中将【字体】设置为 Bell Gothic Std Light，字体大小设置为 31pt，【字符间距】设置为 –10%，将填充色的 RGB 值设置为 209、209、209，轮廓色设置为无，如图 12-34 所示。

（19）使用文本工具在绘图区中输入文字，将【字体】设置为 Bell Gothic Std Light，字体大小分别设置为 21pt、25pt，将填充色的 RGB 值设置为 209、209、209，如图 12-35 所示。

（20）在工具箱中选中文本工具，在绘图区中单击鼠标，输入文字。选中输入的文字，在【文本】泊坞窗中将【字体】设置为 Arial，字体大小设置为 11pt，【字符间距】设置为 -5%，将填充色的 RGB 值设置为 255、255、255，如图 12-36 所示。

图 12-33

图 12-34

图 12-35

图 12-36

Chapter

13

UI 界面设计

本章导读：

UI 设计主要指用户界面的样式、美观程度。在互联网时代主要指图形用户界面，使用电脑时，眼睛看到的每一个部分都叫图形用户界面。

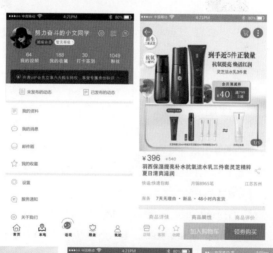

个人中心 UI 界面设计

本案例将介绍如何制作个人中心 UI 界面，首先使用矩形工具制作出界面背景，然后导入素材文件，执行【PowerClip 内部】命令，完成头像设置，最后使用文本工具、钢笔工具制作页面其他内容，效果如图 13-1 所示。

（1）启动软件后，按 Ctrl+N 组合键，弹出【创建新文档】对话框，将【宽度】和【高度】分别设置为 265mm 和 470mm，单击 OK 按钮。在工具箱中选中矩形工具，绘制一个与绘图区大小相同的图形，将填充色的 RGB 值设置为 241、241、241，轮廓色设置为无，如图 13-2 所示。

（2）在工具箱中选中【矩形工具】 □，绘制一个大小分别为 265mm、147mm 的矩形对象，将填充色的 RGB 值设置为 255、76、77，轮廓色设置为无，如图 13-3 所示。

图 13-1

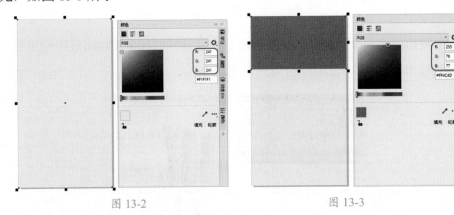

图 13-2   图 13-3

（3）使用同样的方法绘制矩形，将对象大小分别设置为 265mm、14mm，将填充色设置为黑色，轮廓色设置为无。在工具箱中选中透明度工具，在属性栏中单击【均匀透明度】按钮，将【透明度】设置为 15，如图 13-4 所示。

（4）将"个人中心素材 01.png"文件导入文档中，并调整其大小与位置，如图 13-5 所示。

图 13-4   图 13-5

（5）使用同样的方法导入素材 \Cha13\ 个人中心素材 02.jpg 文件，单击【导入】按钮，拖曳鼠标进行绘制并调整素材的大小及位置，在工具箱中选中椭圆形工具，然后绘制图形，将对象大小设置为 45mm，填充色设置为黑色，轮廓色设置为无，如图 13-6 所示。

（6）选择导入的"个人中心素材 02.jpg"文件，单击鼠标右键，在弹出的快捷菜单中选择【PowerClip 内部】命令，在黑色图形上单击鼠标，使用文本工具输入文本，将【字体】设置为 Arial Unicode MS，字体大小设置为 36pt，填充色设置为白色，如图 13-7 所示。

图 13-6

图 13-7

（7）在工具箱中选中【矩形工具】按钮 □，在绘图区中绘制图形，将对象大小分别设置为 36mm、12mm，将填充色的 RGB 值设置为 42、66、55，将轮廓色设置为无，将圆角半径设置为 6mm，如图 13-8 所示。

（8）在工具箱中选中【文本工具】 字，在绘图区中输入文字，将【字体】设置为 Arial Unicode MS，字体大小设置为 22pt，将填充色的 RGB 值设置为 246、212、79，如图 13-9 所示。

图 13-8

图 13-9

（9）在工具箱中选中【矩形工具】 □，在绘图区中绘制图形，将对象大小分别设置为 42mm、12mm，将圆角半径设置为 6mm，将填充色设置为白色，轮廓色设置为无，如图 13-10 所示。

（10）使用【文本工具】 字 输入文本，将【字体】设置为 Arial Unicode MS，字体大小设置为 22pt，将填充色的 RGB 值设置为 207、127、125，如图 13-11 所示。

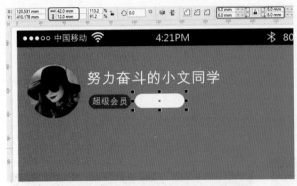

图 13-10　　　　　　　　　　　　　　　　　　图 13-11

（11）使用矩形工具绘制图形，将对象大小设置为 4mm，轮廓宽度设置为 0.25mm，填充色设置为无，将轮廓色的 RGB 值设置为 234、93、89，单击【圆角】与【圆形端头】按钮，如图 13-12 所示。

（12）选择绘制的矩形图形，将旋转设置为 45，然后单击鼠标右键，在弹出的快捷菜单中选择【转换为曲线】命令，如图 13-13 所示。

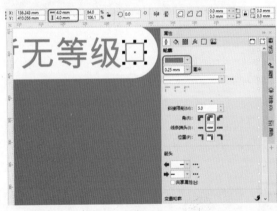

图 13-12　　　　　　　　　　　　　　　　　　图 13-13

（13）使用【形状工具】单击一个节点，在属性栏中单击【断开曲线】按钮，将多余的节点删除，如图 13-14 所示。

（14）使用钢笔工具绘制图形，将填充色设置为白色，轮廓色设置为无。然后将绘制的图形复制一层，为了方便观看图形，随意为复制的图形填充一种颜色，调整图形大小与位置，选择绘制与复制的两个图形，单击鼠标右键，在弹出的快捷菜单中选择【合并】命令，如图 13-15 所示。

（15）使用椭圆形工具绘制图形，将对象大小设置为 4mm，轮廓宽度设置为 0.75mm，填充色设置为无，轮廓色设置为白色，调整图形至合适的位置，如图 13-16 所示。

（16）使用矩形工具绘制图形，将对象大小设置为 4.6mm，轮廓宽度设置为 0.5mm，圆角半径设置为 0.5mm，填充色设置为无，轮廓色设置为白色，然后复制多个图形，如图 13-17 所示。

图 13-14　　　　　　　　　　　　　　图 13-15

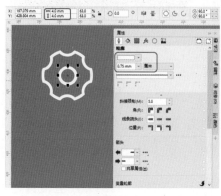
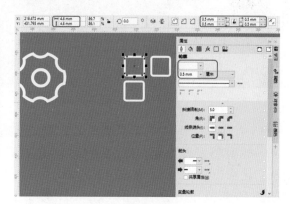

图 13-16　　　　　　　　　　　　　　图 13-17

（17）使用 2 点线工具绘制图形，将轮廓宽度设置为 1mm，填充色设置为无，轮廓色设置为白色，调整图形至合适的位置。用同样的方法绘制其他图形，如图 13-18 所示。

（18）使用椭圆形工具绘制图形，将轮廓宽度设置为 0.5mm，然后使用钢笔工具绘制图形，选中绘制的两个图形，在属性栏中单击【焊接】按钮，然后将填充色设置为无，如图 13-19所示。

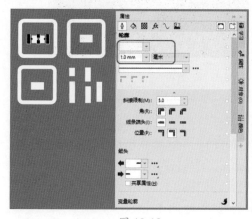
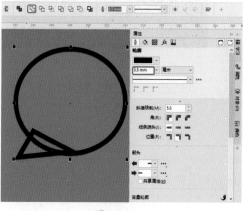

图 13-18　　　　　　　　　　　　　　图 13-19

（19）将轮廓色设置为白色，并绘制其他图形，在工具箱中选中【文本工具】字，输入文本，将【字体】设置为 Arial Unicode MS，字体大小分别设置为 30、28，将填充色设置为白色，如图 13-20 所示。

（20）使用矩形工具绘制图形，将填充色的 RGB 值设置为 51、44、43，将轮廓色设置为无，然后取消【同时编辑所有角】按钮的锁定，将左上角、右上角的圆角半径均设置为 3mm，如图 13-21 所示。

图 13-20

图 13-21

（21）在工具箱中选中【钢笔工具】，绘制图形，将填充色的 RGB 值设置为 255、195、30，轮廓色设置为无。使用同样的方法绘制图形，将填充色的 RGB 值设置为 255、241、66，轮廓色设置为无，如图 13-22 所示。

（22）在工具箱中选中【钢笔工具】，绘制图形，将填充色的 RGB 值设置为 255、195、30，轮廓色设置为无，如图 13-23 所示。

图 13-22

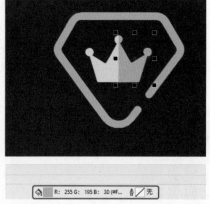

图 13-23

（23）在工具箱中选中【矩形工具】，绘制图形，将填充色的 RGB 值设置为 255、241、66，轮廓色设置为无，将圆角半径设置为 2mm，然后使用钢笔工具绘制图形，将填充色的 RGB 值设置为 255、195、30，轮廓色设置为无，如图 13-24 所示。

（24）使用文本工具输入文本，将【字体】设置为 Arial Unicode MS，字体大小设置为 24，将填充色的 RGB 值设置为 231、189、127，如图 13-25 所示。

图 13-24　　　　　　　　　　　　　　　　　图 13-25

（25）在工具箱中选中【椭圆形工具】○，绘制图形，将对象大小设置为 6mm，轮廓宽度设置为 0.2mm，填充色设置为无，将轮廓色的 RGB 值设置为 233、189、127，然后根据前面介绍的方法绘制图形并进行设置，如图 13-26 所示。

（26）使用【矩形工具】□绘制图形，将对象大小设置为 264mm、36mm，填充色设置为白色，轮廓色设置为无。使用钢笔工具绘制图形，将填充色的 RGB 值设置为 234、169、84，轮廓色设置为无，然后使用 2 点线工具绘制图形，将填充色设置为无，将轮廓色的 RGB 值设置为 234、169、84，将轮廓宽度设置为 0.5mm，如图 13-27 所示。

图 13-26　　　　　　　　　　　　　　　　　图 13-27

（27）在工具箱中选中文本工具，输入文本，将【字体】设置为【微软雅黑】，字体大小设置为 24pt，将填充色的 RGB 值设置为 101、101、101，如图 13-28 所示。

（28）使用矩形工具绘制图形，将【轮廓宽度】设置为 0.5mm，圆角半径设置为 0.47mm，填充色设置为无，将轮廓色的 RGB 值设置为 232、88、85，然后使用 2 点线工具绘制图形，将轮廓宽度设置为 0.5mm，并设置轮廓色，如图 13-29 所示。

（29）使用文本工具输入文本，将【字体】设置为【微软雅黑】，字体大小设置为 24，将填充色的 RGB 值设置为 101、101、101，如图 13-30 所示。

（30）使用矩形工具绘制图形，将对象大小设置为 265mm、146mm，填充色设置为白色，轮廓色设置为无。使用同样的方法绘制大小为 265mm、132mm 的矩形对象，并调整至合适位置，根据前面介绍的方法绘制图形并输入文本，效果如图 13-31 所示。

图 13-28

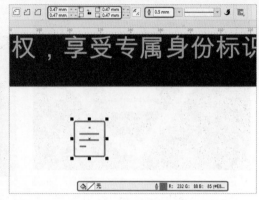

图 13-29

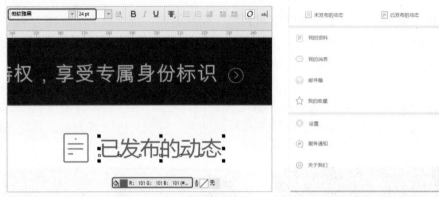

图 13-30　　　　　　　　　　　　　　　　图 13-31

（31）使用钢笔工具绘制图形，将轮廓宽度设置为 0.75mm，填充色设置为无，将轮廓色的 RGB 值设置为 65、65、65。使用文本工具输入文本，将【字体】设置为【文鼎 CS 中黑】，字体大小设置为 20，将填充色设置为黑色，如图 13-32 所示。

（32）使用椭圆形工具和钢笔工具绘制图形，将轮廓宽度设置为 0.75mm，选中绘制的两个图形，在属性栏中单击【焊接】按钮，将填充色设置为无，轮廓色设置为黑色，效果如图 13-33 所示。

图 13-32

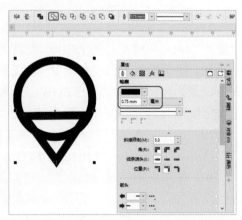

图 13-33

（33）使用椭圆形工具绘制图形，将轮廓宽度设置为 0.5mm，使用钢笔工具绘制图形，将图形的填充色设置为无，轮廓色设置为黑色，轮廓宽度设置为 1mm。使用文本工具输入文本，将【字体】设置为【文鼎 CS 中黑】，字体大小设置为 20，将填充色设置为黑色，如图 13-34 所示。

（34）使用钢笔工具绘制图形，将轮廓宽度设置为 0.5mm，将填充色设置为无，将轮廓色的 RGB 值设置为 255、78、66，然后使用椭圆形工具绘制图形，然后将填充色的 RGB 值设置为 255、78、66，轮廓色设置为无，如图 13-35 所示。

（35）使用椭圆形工具绘制两个图形，将填充色设置为黄色，轮廓色设置为无。选中绘制的三个椭圆图形，在属性栏中单击【合并】按钮，效果如图 13-36 所示。

图 13-34

图 13-35

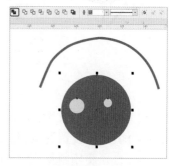
图 13-36

（36）使用钢笔工具绘制图形，将轮廓宽度设置为 1.5mm，填充色设置为无，轮廓色设置为白色。选择绘制的图形并复制，将轮廓宽度设置为 0.5mm，填充色设置为无，将轮廓色的 RGB 值设置为 255、78、66，效果如图 13-37 所示。

（37）使用文本工具输入文本，将【字体】设置为【文鼎 CS 中黑】，字体大小设置为 20，将填充色设置为黑色，效果如图 13-38 所示。

（38）使用钢笔工具绘制图形，将轮廓宽度设置为 0.75mm，填充色设置为无，将轮廓色的 RGB 值设置为 65、65、65，效果如图 13-39 所示。

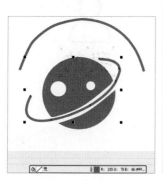
图 13-37

图 13-38

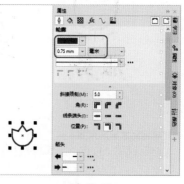
图 13-39

（39）使用 2 点线工具绘制线段 ✎，将轮廓宽度设置为 0.5mm，填充色设置为无，将轮廓色的 RGB 值设置为 65、65、65，然后使用钢笔工具绘制图形，并调整图形至合适的位置，如图 13-40 所示。

（40）选中钢笔工具绘制图形并进行复制，选择复制后的图形，在【变换】泊坞窗中选中【缩放和镜像】中的【水平镜像】按钮，将【副本】设置为 1，单击【应用】按钮，然后调整图形到合适的位置，效果如图 13-41 所示。

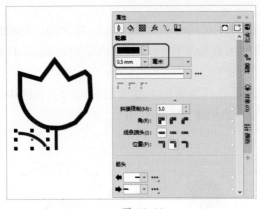

图 13-40   图 13-41

（41）使用文本工具输入文本，将【字体】设置为【文鼎 CS 中黑】，字体大小设置为20，将填充色设置为黑色，效果如图 13-42 所示。

（42）使用椭圆形工具绘制一个圆形，将填充色设置为无，轮廓宽度设置为 0.75mm，将轮廓色的 RGB 值设置为 255、78、66，然后使用钢笔工具绘制图形，调整图形至合适的位置，效果如图 13-43 所示。

（43）使用文本工具输入文本，将【字体】设置为【文鼎 CS 中黑】，字体大小设置为20，将填充色设置为黑色，效果如图 13-44 所示。

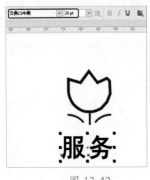  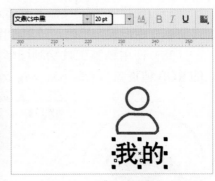

图 13-42   图 13-43   图 13-44

案例精讲 105　购物 UI 界面设计

本案例将讲解如何制作购物 UI 界面，首先为界面添加素材效果，然后使用矩形工具、文本工具、2 点线段工具为界面添加其他素材，最终效果如图 13-45 所示。

（1）新建一个宽度、高度分别为 264mm 和 470mm 的文档，将"购物素材 01.jpg"文件导入文档中，并调整素材的大小及位置，如图 13-46 所示。

（2）在工具箱中选中【矩形工具】▢，绘制一个图形，将对象大小分别设置为264mm、16mm，将填充色的 RGB 值设置为0、0、0，轮廓色设置为无，如图13-47所示。

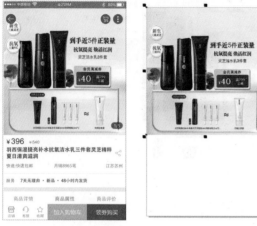

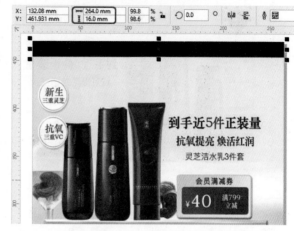

图 13-45   图 13-46   图 13-47

（3）选中该图形，在【属性】泊坞窗中单击【透明度】按钮▨，单击【均匀透明度】按钮▨，将【透明度】设置为60，如图13-48所示。

（4）将"购物素材02.png"文件导入文档中，并调整素材文件的位置，如图13-49所示。

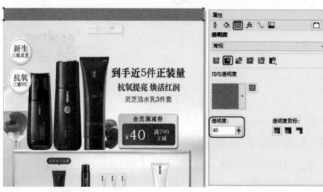

图 13-48   图 13-49

（5）在工具箱中选中椭圆形工具，然后绘制图形，将对象大小设置为21mm，将填充色的 RGB 值设置为0、0、0，轮廓色设置为无，如图13-50所示。

（6）选中该图形，在【属性】泊坞窗中单击【透明度】按钮▨，单击【均匀透明度】按钮▨，将【透明度】设置为50，如图13-51所示。

（7）将绘制的椭圆图形进行复制并调整位置，将"购物素材03.png"与"购物素材04.png"文件导入文档中，然后调整素材文件的位置，如图13-52所示。

（8）使用矩形工具绘制图形，将对象大小设置为25mm、14mm，将填充色的 RGB 值设置为黑色，轮廓色设置为无，如图13-53所示。

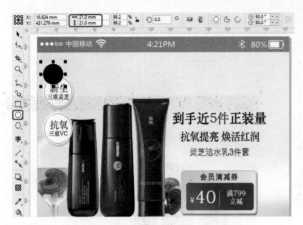

图 13-50

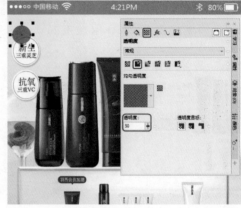

图 13-51

图 13-52

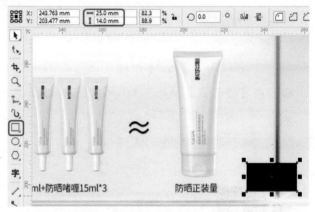

图 13-53

（9）选中该图形，将【圆角半径】设置为7mm，在【属性】泊坞窗中单击【透明度】按钮▓，单击【均匀透明度】按钮▣，将【透明度】设置为50，如图13-54所示。

（10）在工具箱中选中【文本工具】字，在绘图区输入文本，将【字体】设置为【微软雅黑】，字体大小设置为24，将填充色的RGB值设置为255、255、255，如图13-55所示。

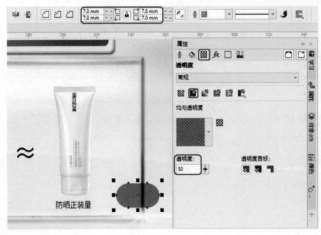

图 13-54

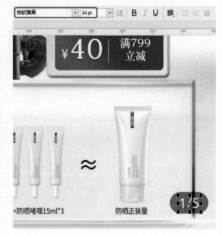

图 13-55

（11）在工具箱中选中文本工具，在绘图区输入文本，将【字体】设置为 Arial Unicode MS，字体大小设置为 47，将"￥"的字体大小设置为 35，将填充色的 RGB 值设置为 253、35、71，如图 13-56 所示。

（12）在工具箱中选中文本工具，在绘图区输入文本，将【字体】设置为 Arial Unicode MS，字体大小设置为 26，将"￥"的字体大小设置为 22，将【字符删除线】设置为【单倍细体字】，将填充色的 RGB 值设置为 165、165、165，如图 13-57 所示。

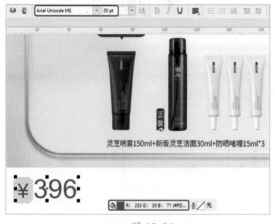
图 13-56

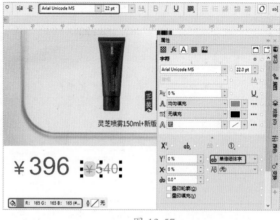
图 13-57

（13）在工具箱中选中文本工具，输入段落文本，将【字体】设置为【Adobe 黑体 Std R】，字体大小设置为 32pt，在【段落】组中单击【左对齐】按钮，将【行间距】设置为 150%，填充色的 RGB 值设置为 67、67、67，如图 13-58 所示。

（14）在工具箱中选中【椭圆形工具】，然后绘制图形，将对象大小设置为 3.6mm，轮廓宽度设置为 0.75mm，填充色设置为无，将轮廓色的 RGB 值设置为 195、195、195。选中绘制的图形并进行复制，调整图形位置，如图 13-59 所示。

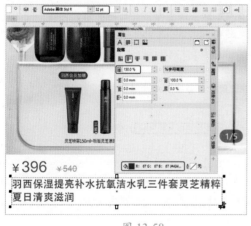

图 13-58

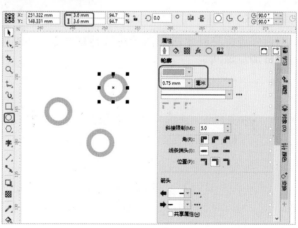
图 13-59

（15）在工具箱中选中【2 点线工具】，绘制线段，将对象大小分别设置为 5mm、2mm，填充色设置为无，轮廓色设置为 195、195、195，轮廓宽度设置为 0.75mm，使用同样的方法绘制线段，将对象大小设置为 4mm、3mm，如图 13-60 所示。

（16）使用文本工具输入文本，将【字体】设置为【Adobe 黑体 Std R】，字体大小设置为 26pt，填充色的 RGB 值设置为 167、167、167，使用同样的方法输入其他文本，如图 13-61 所示。

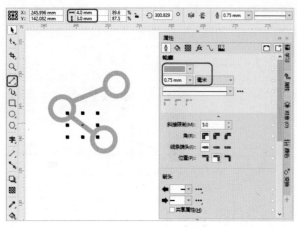

图 13-60

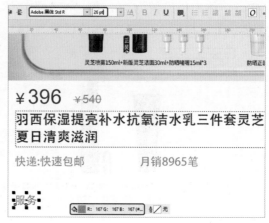

图 13-61

（17）使用文本工具输入文本，将【字体】设置为【Adobe 黑体 Std R】，字体大小设置为 26pt，填充色的 RGB 值设置为 103、103、103，如图 13-62 所示。

（18）使用矩形工具绘制图形，将对象大小分别设置为 264mm、9mm，将填充色的 RGB 值设置为 240、240、240，轮廓色设置为无，如图 13-63 所示。

图 13-62

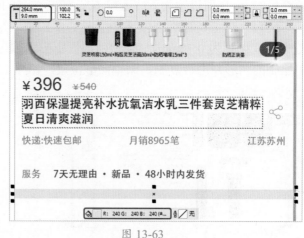

图 13-63

（19）使用文本工具输入文本，将【字体】设置为【Adobe 黑体 Std R】，字体大小设置为 30pt，填充色的 RGB 值设置为 181、181、181，将"商品属性"文字填充色的 RGB 值设置为 18、216、183，如图 13-64 所示。

（20）将"购物素材 05.jpg"文件导入文档中，调整素材文件的位置，如图 13-65 所示。

（21）使用矩形工具绘制图形，将对象大小分别设置为 85mm、35mm，将填充色的

RGB 值设置为 255、204、0，轮廓色设置为无。使用文本工具输入文本，将【字体】设置为【微软雅黑】，字体大小设置为 34pt，将填充色设置为白色，如图 13-66 所示。

（22）使用同样的方法绘制图形并输入文本，将矩形对象大小分别设置为 85mm、35mm，将填充色的 RGB 值设置为 255、56、84。使用 2 点线工具绘制线段，将轮廓宽度设置为 0.1mm，填充色设置为无，将轮廓色设置为 200、200、200，如图 13-67 所示。

图 13-64

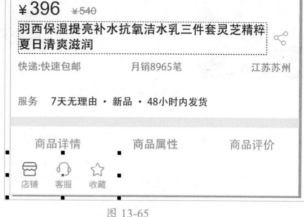

图 13-65

图 13-66

图 13-67

案例精讲 106　旅游 UI 界面设计

本案例将介绍如何制作旅游 UI 界面，首先简单地使用矩形工具、文本工具为界面添加内容效果，然后导入素材文件并执行【PowerClip 内部】命令为界面添加视觉效果，最终效果如图 13-68 所示。

（1）新建一个宽度和高度分别为 264mm 和 470mm 的文档，在工具箱中选中矩形工具，绘制与绘图区一样大小的图形，将填充色的 RGB 值设置为 238、238、238，轮廓色设置为无，如图 13-69 所示。

（2）将"旅游素材 01.jpg"文件导入文档中，调整素材文件的位置，如图 13-70 所示。

图 13-68

图 13-69

图 13-70

（3）在工具箱中选中【文本工具】字，输入文本，将【字体】设置为【微软雅黑】，字体大小设置为24pt，将填充色RGB值设置为161、161、161，如图13-71所示。

（4）在工具箱中选中矩形工具，绘制一个大小为265mm、117mm的矩形对象，将填充色设置为白色，轮廓色设置为无，如图13-72所示。

图 13-71

图 13-72

（5）在工具箱中选中椭圆形工具，将填充色的RGB值设置为254、118、86，轮廓色设置为无，如图13-73所示。

（6）在工具箱中选中矩形工具，绘制一个图形，将填充色设置为无，轮廓色设置为白色，圆角半径设置为2mm，轮廓宽度设置为0.75mm。使用同样的方法绘制图形，然后取消所有圆角半径的锁定，将左上角、右上角的圆角半径均设置为0.5mm，如图13-74所示。

（7）在工具箱中选中【2点线工具】，绘制线段，将轮廓宽度设置为1mm，填充色设置为无，轮廓色设置为白色，使用同样的方法绘制线段，如图13-75所示。

（8）使用椭圆形工具绘制一个图形，将填充色的RGB值设置为47、178、255，轮廓色设置为无。在工具箱中选中【钢笔工具】，在绘图区中绘制图形，将轮廓宽度设置为0.75mm，填充色设置为无，将轮廓色设置为白色，如图13-76所示。

图 13-73

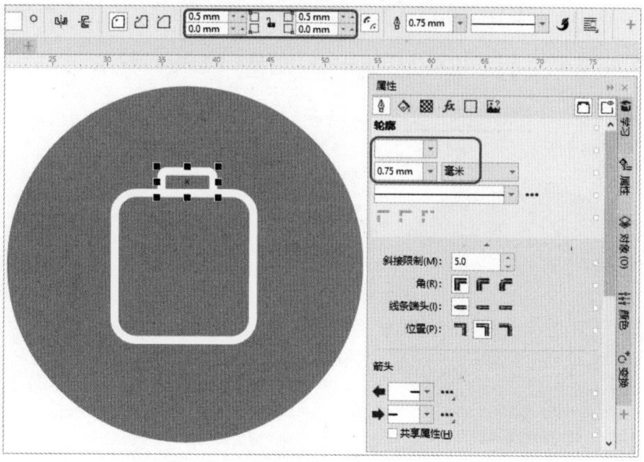

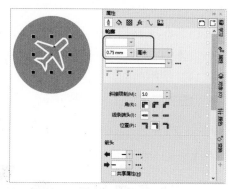

图 13-74

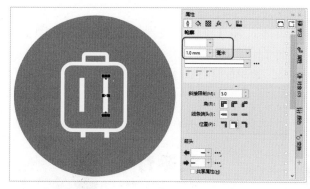

图 13-75

图 13-76

（9）使用同样的方法绘制一个椭圆图形，将填充色的 RGB 值设置为 8、209、119，轮廓色设置为无。使用矩形工具在绘图区中绘制两个图形，将轮廓宽度设置为 1mm，填充色设置为无，轮廓色设置为白色，如图 13-77 所示。

（10）在工具箱中选中【2 点线工具】 ，绘制线段，将轮廓宽度设置为 1mm，填充色设置为无，轮廓色设置为白色，如图 13-78 所示。

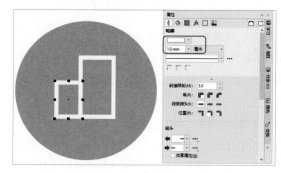

图 13-77

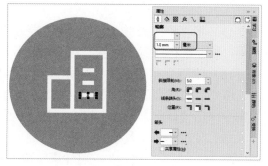

图 13-78

（11）使用同样的方法绘制一个椭圆图形，将填充色的 RGB 值设置为 139、160、255，轮廓色设置为无。在工具箱中选中矩形工具，绘制一个图形，将轮廓色设置为白色，将所有的圆角半径设置为 2mm，轮廓宽度设置为 0.5mm，如图 13-79 所示。

（12）使用椭圆形工具绘制一个图形，将填充色设置为无，轮廓色设置为白色，使用同样的方法绘制其他椭圆图形，如图 13-80 所示。

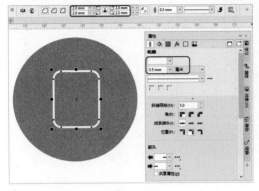 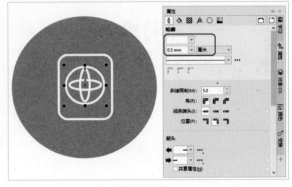

图 13-79　　　　　　　　　　　　　　　　　图 13-80

（13）在工具箱中选中文本工具，输入文本，将【字体】设置为【文鼎 CS 中黑】，字体大小设置为 24 pt，填充色设置为黑色，如图 13-81 所示。

（14）使用前面介绍的方法绘制其他内容，效果如图 13-82 所示。

图 13-81　　　　　　　　　　　　　　　　　图 13-82

（15）将"旅游素材 02.jpg"文件导入文档中，并调整其大小与位置。使用矩形工具绘制图形，将轮廓色设置为白色，将对象大小分别设置为 265mm、162mm，如图 13-83 所示。

（16）使用文本工具输入文本，将【字体】设置为【经典超圆简】，字体大小设置为 28 pt，填充色设置为黑色。将"热门"文字填充色的 RGB 值设置为 254、198、74，在【变换】泊坞窗中单击【倾斜】按钮，将 X 设置为 –5，单击【应用】按钮，如图 13-84 所示。

（17）使用矩形工具绘制图形，将圆角半径设置为 6mm，填充色设置为无，将轮廓色的 RGB 值设置为 253、122、127，将轮廓宽度设置为 0.5mm。使用文本工具输入文本，将【字体】设置为【微软雅黑】，字体大小设置为 24pt，将填充色的 RGB 值设置为 253、122、127，如图 13-85 所示。

（18）使用文本工具输入文本，将【字体】设置为【长城粗圆体】，字体大小设置为 23pt，将填充色的 RGB 值设置为 117、116、117。在工具箱中选中【2 点线工具】，绘制线段，将轮廓宽度设置为 0.35mm，填充色设置为无，轮廓色的 RGB 值设置为 117、116、117，如图 13-86 所示。

图 13-83

图 13-84

图 13-85

图 13-86

（19）使用矩形工具绘制图形，将圆角半径设置为 3mm，将填充色的 RGB 值设置为 0、183、238，轮廓色设置为无。使用文本工具输入文本，将【字体】设置为【文鼎 CS 中黑】，字体大小设置为 27pt，将填充色设置为白色，如图 13-87 所示。

（20）使用矩形工具绘制其他图形，将图形对象大小分别设置为 56mm、20mm，将圆角半径设置为 2mm，将填充色设置为白色，将轮廓色的 RGB 值设置为 217、217、217。使用文本工具输入文本，将【字体】设置为【文鼎 CS 中黑】，字体大小设置为 27pt，将填充色设置为黑色，如图 13-88 所示。

（21）将"旅游素材 03.jpg"文件导入文档中，并调整其大小与位置。使用矩形工具在绘图区中绘制大小分别为 83mm、77.5mm 的矩形对象，将圆角半径均设置为 3mm，将填充色设置为白色，轮廓色设置为无，如图 13-89 所示。

（22）选择导入的"旅游素材 03.jpg"素材，右击鼠标，在弹出的快捷菜单中选择【Power

Clip 内部】命令，在白色图形上单击鼠标，使用同样的方法导入"旅游素材 04.jpg""旅游素材 05.jpg"文件，并进行设置，如图 13-90 所示。

图 13-87

图 13-88

图 13-89　　　　　　　　　　　　图 13-90

（23）使用椭圆形工具绘制图形，将轮廓宽度设置为 0.75mm，然后使用钢笔工具绘制图形。选中绘制的两个图形，在属性栏中单击【焊接】按钮，将填充色设置为无，轮廓色设置为白色，继续使用椭圆形工具绘制一个小椭圆，进行设置并调整至合适位置，如图 13-91 所示。

（24）选中绘制的图形，在【属性】泊坞窗中单击【透明度】按钮▨，单击【均匀透明度】按钮▧，将【透明度】设置为 20，如图 13-92 所示。

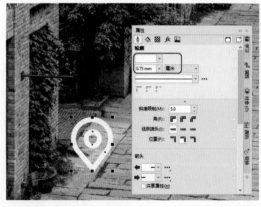

图 13-91

图 13-92

（25）使用文本工具输入文本，将【字体】设置为【创艺简老宋】，字体大小设置为 24pt，将填充色设置为白色，使用同样的方法制作其他内容，如图 13-93 所示。

（26）使用矩形工具绘制图形，将填充色设置为白色，轮廓色设置为无。选中绘制的图形，在工具箱中选中阴影工具，在绘图区中拖动鼠标为图形添加阴影效果，在属性栏中将阴影的不透明度设置为 20，阴影羽化设置为 22，如图 13-94 所示。

图 13-93

图 13-94

（27）使用钢笔工具绘制图形，将填充色的 RGB 值设置为 19、134、246，轮廓色设置为无。使用椭圆形工具绘制两个椭圆形，将填充色的 RGB 值设置为 19、134、246，轮廓色设置为无，如图 13-95 所示。

（28）使用文本工具输入文本，将【字体】设置为【Adobe 黑体 Std R】，字体大小设置为 16pt，将填充色的 RGB 值设置为 19、134、246，如图 13-96 所示。

图 13-95

图 13-96

（29）使用椭圆形工具绘制图形，将【轮廓宽度】设置为 0.4mm，然后使用钢笔工具绘制图形。选中绘制的两个图形，在属性栏中单击【焊接】按钮，将填充色设置为无，轮廓色设置为黑色，并使用同样的方法绘制其他图形，如图 13-97 所示。

（30）使用文本工具输入文本，将【字体】设置为【Adobe 黑体 Std R】，字体大小设置为 16pt，将填充色的 RGB 值设置为 51、44、43，使用同样的方法制作其他内容，如图 13-98 所示。

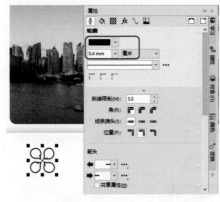

图 13-97

图 13-98

美食 UI 界面设计

本案例将讲解如何制作美食 UI 界面，首先使用钢笔工具与文本工具为界面空白处添加效果，然后对导入的素材文件进行设置，使其呈现出美食界面效果，如图 13-99 所示。

（1）新建宽度和高度分别为 264mm、472mm 的文档，在工具箱中选中矩形工具，绘制与绘图区一样大小的图形，将填充色的 RGB 值设置为 241、241、241，轮廓色设置为无，如图 13-100 所示。

（2）在工具箱中选中【矩形工具】□，绘制一个大小分别为 264mm、50mm 的矩形对象，将填充色的 RGB 值设置为 248、45、66，轮廓色设置为无，如图 13-101 所示。

图 13-99

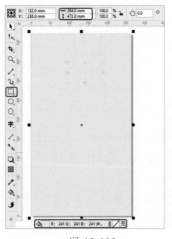

图 13-100

图 13-101

（3）将"美食素材 01.png"文件导入文档中，并调整其大小与位置，如图 13-102 所示。

（4）使用椭圆形工具绘制图形，将轮廓宽度设置为 0.7mm，然后使用钢笔工具绘制图形。选中绘制的两个图形，在属性栏中单击【焊接】按钮，将填充色设置为无，轮廓色设置为白色，然后使用椭圆形工具绘制一个小椭圆，进行设置并调整至合适位置，如图 13-103 所示。

图 13-102

图 13-103

（5）使用文本工具输入文本，将【字体】设置为【微软雅黑】，字体大小设置为 28pt，填充色设置为白色，如图 13-104 所示。

（6）在工具箱中选中矩形工具，绘制一个大小分别为 196mm、19mm 的矩形对象，将圆角半径设置为 3mm，填充色设置为白色，轮廓色设置为无，如图 13-105 所示。

图 13-104

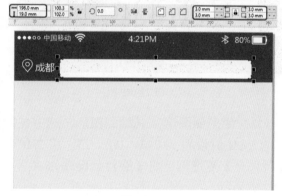

图 13-105

（7）使用椭圆形工具绘制图形，将轮廓宽度设置为 0.5mm，填充色设置为无，将轮廓色的 RGB 值设置为 255、102、51。在工具箱中选中【2 点线工具】 ，绘制线段，将轮廓宽度设置为 0.5mm，填充色设置为无，将轮廓色的 RGB 值设置为 255、102、51，如图 13-106 所示。

（8）使用椭圆形工具绘制图形，将轮廓宽度设置为 0.5mm，然后使用钢笔工具绘制图形。选中绘制的两个图形，在属性栏中单击【焊接】按钮，将填充色设置为无，轮廓色设置为白色，然后使用椭圆形工具绘制椭圆，将填充色设置为白色，轮廓色设置为无，如图 13-107 所示。

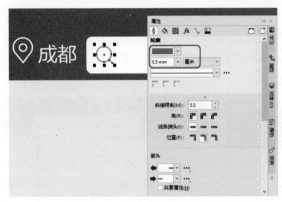

图 13-106 　　　　　　　　　　　　　　　　　图 13-107

（9）将"美食素材 02.jpg"文件导入文档中，并调整其大小与位置，如图 13-108 所示。

（10）在工具箱中选中矩形工具，绘制一个大小分别为 264mm、71mm 的矩形对象，将填充色的 RGB 值设置为 255、255、255，轮廓色设置为无，如图 13-109 所示。

图 13-108 　　　　　　　　　　　　　　　　　图 13-109

（11）使用椭圆形工具绘制图形，选中该图形，按 F11 键，在弹出的对话框中将左侧节点的 RGB 值设置为 242、173、23，将右侧节点的 RGB 值设置为 255、155、37，选中【缠绕填充】复选框，将【旋转】设置为 90°，取消选中【自由缩放和倾斜】复选框，如图 13-110 所示。

（12）单击 OK 按钮，将轮廓色设置为无，使用矩形工具绘制两个图形，将圆角半径分别设置为 1mm、2mm，然后使用钢笔工具绘制图形，将填充色设置为白色，轮廓色设置为无，如图 13-111 所示。

（13）使用椭圆形工具绘制图形，将轮廓宽度设置为 1mm，填充色设置为无，轮廓色设置为白色，然后使用文本工具输入文本，将【字体】设置为 Arial Unicode MS，字体大小设置为 30pt，将填充色的 RGB 值设置为 32、32、32，如图 13-112 所示。

（14）使用椭圆形工具绘制图形，选中该图形，按 F11 键，在弹出的对话框中将左侧节点的 RGB 值设置为 23、206、61，将右侧节点的 RGB 值设置为 9、203、49，选中【缠绕填充】复选框，取消选中【自由缩放和倾斜】复选框，将【旋转】设置为 90°，如图 13-113 所示。

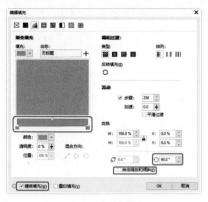

图 13-110

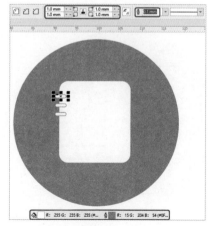

图 13-111

图 13-112

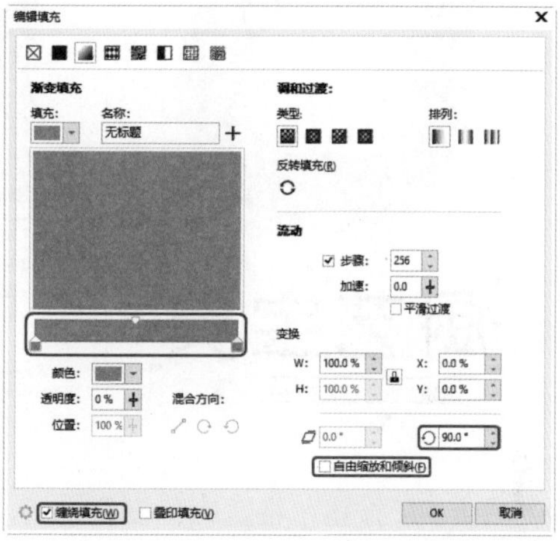

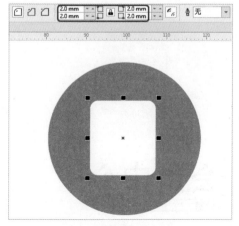

图 13-113

（15）单击 OK 按钮，将轮廓色设置为无，使用矩形工具绘制图形，将圆角半径设置为 2mm，填充色设置为白色，轮廓色设置为无，调整图形位置，如图 13-114 所示。

（16）使用同样的方法绘制图形，将圆角半径设置为 1mm，轮廓宽度设置为 0.1mm，填充色设置为白色，将轮廓色分别设置为 15、204、54，选择绘制的图形并复制，调整复制图形的位置，如图 13-115 所示。

图 13-114

图 13-115

（17）选中所有绘制的图形，单击鼠标右键，在弹出的快捷菜单中选择【组合】命令，然后使用文本工具输入文本，将【字体】设置为 Arial Unicode MS，字体大小设置为 30pt，将填充色的 RGB 值设置为 32、32、32，如图 13-116 所示。

（18）使用椭圆形工具绘制图形，选中该图形，按 F11 键，在弹出的对话框中将左侧节点的 RGB 值设置为 0、175、255，将右侧节点的 RGB 值设置为 71、139、254，选中【缠绕填充】复选框，取消选中【自由缩放和倾斜】复选框，将【旋转】设置为 90°，如图 13-117 所示。

图 13-116

图 13-117

（19）单击 OK 按钮，将轮廓色设置为无，使用矩形工具绘制图形，将圆角半径设置为 4mm，填充色设置为白色，轮廓色设置为无，选中绘制的图形进行复制，调整复制图形的位置，如图 13-118 所示。

（20）使用【钢笔工具】绘制图形，将填充色设置为白色，轮廓色设置为无，然后使用文本工具输入文本，将【字体】设置为 Arial Unicode MS，字体大小设置为 30pt，将填充色的 RGB 值设置为 32、32、32，如图 13-119 所示。

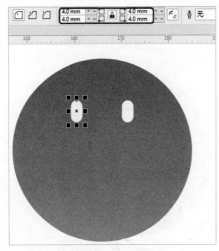

图 13-118

图 13-119

（21）使用椭圆形工具绘制图形，选中该图形，按 F11 键，在弹出的对话框中将左侧节点的 RGB 值设置为 255、62、62，将右侧节点的 RGB 值设置为 249、75、58，选中【缠绕填充】复选框，取消选中【自由缩放和倾斜】复选框，将【旋转】设置为 90°，如图 13-120 所示。

（22）单击 OK 按钮，将轮廓色设置为无，使用钢笔工具绘制图形，将填充色设置为白色，轮廓色设置为无，然后使用矩形工具绘制图形，将圆角半径设置为 2mm，如图 13-121 所示。

图 13-120

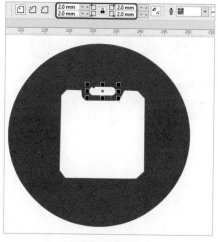

图 13-121

（23）使用矩形工具绘制图形，将圆角半径设置为 2mm，填充色设置为黄色，轮廓色设置为无，选中绘制的图形并复制，调整复制后图形的位置，在属性栏中单击【合并】按钮，如图 13-122 所示。

（24）选中所有绘制的图形，单击鼠标右键，在弹出的快捷菜单中选择【组合】命令，然后使用文本工具输入文本，将【字体】设置为 Arial Unicode MS，字体大小设置为 30pt，将填充色的 RGB 值设置为 32、32、32，如图 13-123 所示。

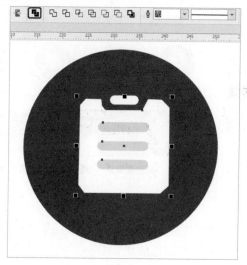

图 13-122

图 13-123

（25）使用矩形工具绘制图形，将对象大小分别设置为 264mm、212mm，填充色设置为白色，轮廓色设置为无。将"美食素材 03.png"文件导入文档中，并调整其大小与位置，如图 13-124 所示。

（26）使用矩形工具绘制图形，将圆角半径设置为 3mm，选中该图形，按 F11 键，在弹出的对话框中将左侧节点的 RGB 值设置为 255、91、110，将右侧节点的 RGB 值设置为 252、108、137，选中【缠绕填充】复选框，取消选中【自由缩放和倾斜】复选框，将【旋转】设置为 90°，如图 13-125 所示。

图 13-124

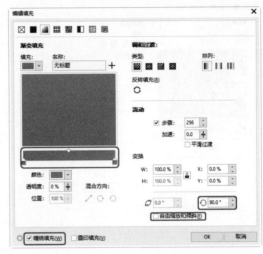

图 13-125

（27）单击 OK 按钮，将轮廓色设置为无，使用文本工具输入文本，将【字体】设置为 Arial Unicode MS，字体大小设置为 36pt，将填充色的 RGB 值设置为 51、47、48，如图 13-126 所示。

（28）使用文本工具输入文本，将【字体】设置为 Arial Unicode MS，字体大小设置为 29pt，填充色设置为黑色，如图 13-127 所示。

图 13-126

图 13-127

（29）使用矩形工具绘制图形，将填充色设置为白色，轮廓色设置为无。选中绘制的图形，在工具箱中选中阴影工具，在绘图区中拖动鼠标为图形添加效果，在属性栏中将阴影的不透明度设置为 13，阴影羽化设置为 10，如图 13-128 所示。

（30）将"美食素材 04.jpg"文件导入文档中，并调整其大小与位置，使用矩形工具在绘图区中绘制一个大小分别为 60mm、58mm 的矩形对象，将填充色设置为白色，轮廓色设置为无，如图 13-129 所示。

图 13-128

图 13-129

（31）选择导入的"美食素材 04.jpg"素材，右击鼠标，在弹出的快捷菜单中选择【PowerClip 内部】命令，在白色图形上单击鼠标。使用文本工具输入文本，将【字体】设置为 Arial Unicode MS，字体大小分别设置为 24pt、14pt，将填充色的 RGB 值设置为 81、78、78，如图 13-130 所示。

（32）使用文本工具输入文本，将【字体】设置为 Arial Unicode MS，字体大小设置为 18pt，【行间距】设置为 133，将填充色的 RGB 值设置为 81、78、78，如图 13-131 所示。

图 13-130

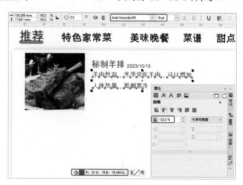

图 13-131

（33）将"美食素材 05.jpg"文件导入文档中，并调整其大小与位置，使用椭圆形工具在绘图区中绘制图形，将填充色设置为白色，轮廓色设置为无，如图 13-132 所示。

（34）选择导入的"美食素材 05.jpg"素材，右击鼠标，在弹出的快捷菜单中选择【Power Clip 内部】命令，在白色图形上单击鼠标。使用文本工具输入文本，将【字体】设置为 Arial Unicode MS，字体大小设置为 24pt，将填充色的 RGB 值设置为 81、78、78，如图 13-133 所示。

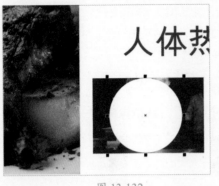
图 13-132

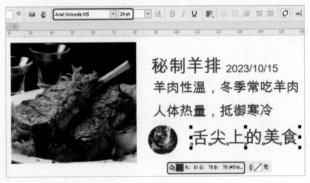
图 13-133

（35）在工具箱中选中矩形工具，绘制一个图形，将圆角半径设置为 4mm，将填充色的 RGB 值设置为 255、189、53，将轮廓色设置为无，如图 13-134 所示。

（36）使用文本工具输入文本，将【字体】设置为 Arial Unicode MS，字体大小设置为 18pt，将填充色设置为白色，如图 13-135 所示。

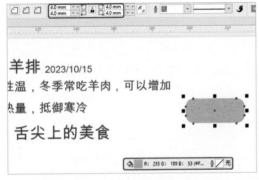
图 13-134

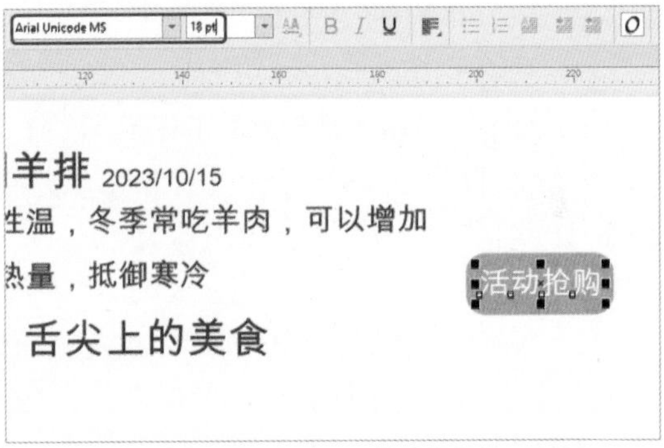

图 13-135

（37）使用文本工具输入文本，将【字体】设置为 Arial Unicode MS，字体大小设置为 14pt，将填充色的 RGB 值设置为 81、78、78，如图 13-136 所示。

（38）将"美食素材 06.png"文件导入文档中，并调整其大小与位置。在工具箱中选中【2 点线工具】，绘制线段，将轮廓宽度设置为 1.7mm，填充色设置为无，将轮廓色的 RGB 值设置为 235、235、234，如图 13-137 所示。

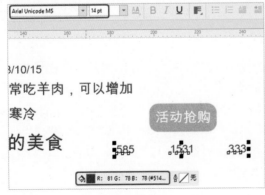
图 13-136

图 13-137

（39）使用同样的方法导入"美食素材07.jpg"文件，然后绘制其他内容并进行设置，如图13-138所示。

（40）在工具箱中选中矩形工具，绘制图形，将填充色设置为白色，轮廓色设置为无。选中绘制的图形，在工具箱中选中阴影工具，在绘图区中拖动鼠标为图形添加阴影效果，在属性栏中将阴影角度设置为360，阴影的不透明度设置为17，阴影羽化设置为15，如图13-139所示。

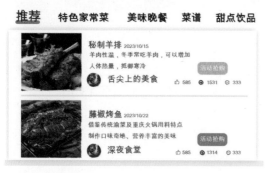

图 13-138

图 13-139

（41）在工具箱中选中钢笔工具，绘制图形，将填充色的RGB值设置为249、55、82，轮廓色设置为无。使用文本工具输入文本，将【字体】设置为【微软雅黑】，字体大小设置为18pt，将填充色设置为黑色，如图13-140所示。

（42）在工具箱中选中钢笔工具，绘制图形，将填充色设置为无，轮廓色设置为黑色。使用文本工具输入文本，将【字体】设置为Arial Unicode MS，字体大小设置为18pt，将填充色设置为黑色，如图13-141所示。

图 13-140

图 13-141

（43）在工具箱中选中矩形工具，绘制图形，将对象大小分别设置为32mm、22mm，圆角半径设置为6mm，将填充色的RGB值设置为247、62、78，轮廓色设置为无，如图13-142所示。

（44）在工具箱中选中矩形工具，绘制图形，将圆角半径设置为1mm，填充色设置为白色，轮廓色设置为无，然后对绘制的图形进行复制，并调整复制后图形的位置，如图13-143所示。

图 13-142　　　　　　　　　　　　图 13-143

（45）根据前面所介绍的方法绘制图形并进行设置，使用文本工具输入文本，将【字体】设置为【微软雅黑】，字体大小设置为 18pt，将填充色设置为黑色，如图 13-144 所示。

（46）在工具箱中选中钢笔工具，绘制图形，将轮廓宽度设置为 0.75mm，将填充色设置为无，轮廓色设置为黑色。使用文本工具输入文本，将【字体】设置为【微软雅黑】，字体大小设置为 18pt，将填充色设置为黑色，如图 13-145 所示。

图 13-144　　　　　　　　　　　　图 13-145

案例精讲 108　运动 UI 界面设计

本案例将介绍如何制作运动 UI 界面，效果如图 13-146 所示。

（1）新建宽度和高度分别为 265mm、472mm 的文档，绘制与绘图区一样大小的图形，将填充色的 RGB 值设置为 74、186、231，轮廓色设置为无，如图 13-147 所示。

（2）在工具箱中选中【椭圆形工具】 ，绘制图形，将填充色设置为白色，轮廓色设置为无，然后选中绘制的图形并进行复制，调整图形位置。选择复制后的图形，将轮廓宽度设置为 0.35mm，填充色设置为无，轮廓色设置为白色，如图 13-148 所示。

图 13-146

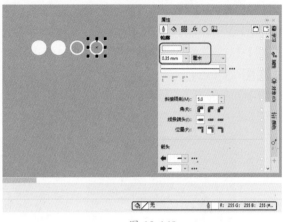

图 13-147　　　　　　　　　　　　　　　图 13-148

（3）在工具箱中选中文本工具，输入文本，将【字体】设置为【Adobe 黑体 Std R】，字体大小设置为 22pt，将填充色设置为白色。在工具箱中选中钢笔工具，绘制图形，将填充色设置为白色，轮廓色设置为无，如图 13-149 所示。

（4）在工具箱中选中文本工具，输入文本，将【字体】设置为【Adobe 黑体 Std R】，字体大小设置为 22pt，将填充色设置为白色，如图 13-150 所示。

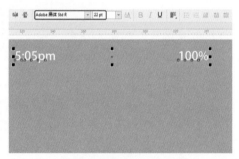

图 13-149　　　　　　　　　　　　　　　图 13-150

（5）在工具箱中选中矩形工具，绘制图形，将圆角半径设置为 1mm，填充色设置为白色，轮廓色设置为无。使用钢笔工具绘制图形，将填充色设置为白色，轮廓色设置为无，如图 13-151 所示。

（6）在工具箱中选中钢笔工具，绘制图形，将填充色设置为白色，轮廓色设置为无。使用文本工具输入文本，将【字体】设置为【Adobe 黑体 Std R】，字体大小设置为 36pt，将填充色设置为白色，如图 13-152 所示。

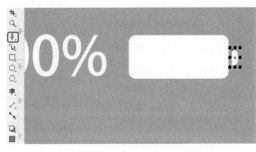

图 13-151　　　　　　　　　　　　　　　图 13-152

（7）在工具箱中选中钢笔工具，绘制图形，将填充色设置为白色，轮廓色设置为无，然后将绘制的图形复制一层，为了方便观察图形，随意为复制的图形填充一种颜色，调整图形的大小与位置，选择绘制与复制的两个图形，单击鼠标右键，在弹出的快捷菜单中选择【合并】命令，如图 13-153 所示。

（8）使用椭圆形工具绘制图形，将对象大小设置为 4mm，轮廓宽度设置为 0.75mm，填充色设置为无，轮廓色设置为白色，调整图形至合适的位置，如图 13-154 所示。

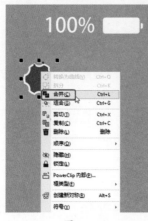 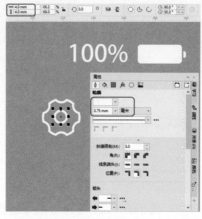

图 13-153　　　　　　　　　　图 13-154

（9）使用文本工具输入文本，将【字体】设置为【Adobe 黑体 Std R】，字体大小设置为 28pt，将填充色设置为白色，如图 13-155 所示。

（10）在工具箱中选中【矩形工具】□，绘制图形，将对象大小分别设置为 250mm、95mm，将圆角半径设置为 4mm，填充色设置为白色，轮廓色设置为无，调整图形至合适的位置，如图 13-156 所示。

图 13-155　　　　　　　　　　图 13-156

（11）将"运动素材 01.jpg"文件导入文档中，并调整其大小与位置。使用椭圆形工具在绘图区中绘制图形，将填充色设置为白色，轮廓色设置为无，如图 13-157 所示。

（12）选择导入的"运动素材 01.jpg"素材，右击鼠标，在弹出的快捷菜单中选择【PowerClip 内部】命令，在白色图形上单击鼠标。使用文本工具输入文本，将【字体】设置为【Adobe 黑体 Std R】，字体大小设置为 28pt，将填充色的 RGB 值设置为 133、183、253，如图 13-158 所示。

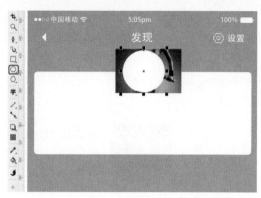

图 13-157　　　　　　　　　　　　　　　　图 13-158

（13）在工具箱中选中【文本工具】**字**，输入文本，将【字体】设置为【Adobe 黑体 Std R】，字体大小设置为 24pt，将填充色的 RGB 值设置为 153、153、153，如图 13-159 所示。

（14）在工具箱中选中【文本工具】**字**，输入文本，将【字体】设置为【微软雅黑】，字体大小设置为 32pt，将填充色的 RGB 值设置为 153、153、153，如图 13-160 所示。

图 13-159　　　　　　　　　　　　　　　　图 13-160

（15）在工具箱中选中文本工具，输入文本，将【字体】设置为【Adobe 黑体 Std R】，字体大小设置为 22pt，将填充色的 RGB 值设置为 153、153、153，如图 13-161 所示。

（16）在工具箱中选中矩形工具，绘制图形，将对象大小分别设置为 264mm、174mm，将填充色的 RGB 值设置为 255、255、255，轮廓色设置为无，如图 13-162 所示。

图 13-161　　　　　　　　　　　　　　　　图 13-162

（17）将"运动素材 02.jpg"文件导入文档中，并调整其大小与位置，如图 13-163 所示。

（18）在工具箱中选中【钢笔工具】 ✒，绘制图形，将填充色的 RGB 值设置为 51、51、51，轮廓色设置为无。使用文本工具输入文本，将【字体】设置为 Arial Narrow，字体大小设置为 30pt，字体样式设置为粗体，【字符间距】设置为 –15%，将填充色的 RGB 值设置为 51、51、51，如图 13-164 所示。

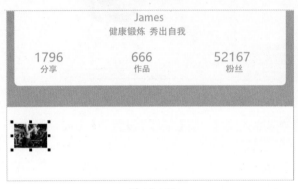

图 13-163　　　　　　　　　　　　　　　　图 13-164

（19）在工具箱中选中【文本工具】 字，输入文本，将【字体】设置为【Adobe 黑体 Std R】，字体大小设置为 24pt，将填充色的 RGB 值设置为 179、175、175，如图 13-165 所示。

（20）在工具箱中选中矩形工具，绘制图形，将对象大小分别设置为 37mm、18mm，将填充色的 RGB 值设置为 255、188、54，轮廓色设置为无。使用文本工具输入文本，将【字体】设置为【Adobe 黑体 Std R】，字体大小设置为 28pt，将填充色的 RGB 值设置为 255、189、53，如图 13-166 所示。

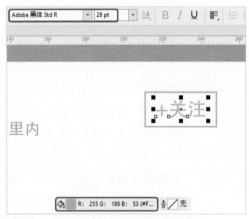

图 13-165　　　　　　　　　　　　　　　　图 13-166

（21）在工具箱中选中文本工具，输入文本，将【字体】设置为【方正大黑简体】，字体大小设置为 31pt，将填充色的 RGB 值设置为 102、102、102，将"# 全民健身日 #"文本填充色的 RGB 值设置为 255、189、53，如图 13-167 所示。

（22）将"运动素材 03.jpg"文件导入文档中，并调整其大小与位置，如图 13-168 所示。

图 13-167　　　　　　　　　　　　　　　图 13-168

（23）在工具箱中选中钢笔工具，绘制图形，将填充色设置为无，将轮廓色的 RGB 值设置为 190、190、190。使用 2 点线工具绘制线段，将轮廓宽度设置为 0.5mm，填充色设置为无，将轮廓色的 RGB 值设置为 190、190、190，如图 13-169 所示。

（24）在工具箱中选中文本工具，输入文本，将【字体】设置为 Arial，字体大小设置为 21pt，将填充色的 RGB 值设置为 195、193、203，如图 13-170 所示。

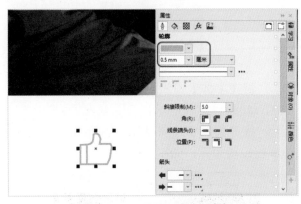
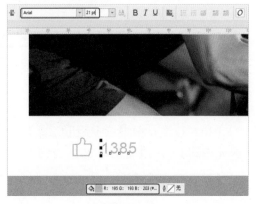

图 13-169　　　　　　　　　　　　　　　图 13-170

（25）在工具箱中选中椭圆形工具，绘制图形，将填充色的 RGB 值设置为 205、205、205，轮廓色设置为无。使用钢笔工具绘制图形，将轮廓宽度设置为 0.5mm，填充色设置为无，将轮廓色的 RGB 值设置为 205、205、205，如图 13-171 所示。

（26）在工具箱中选中文本工具，输入文本，将【字体】设置为 Arial，将字体大小设置为 21pt，将填充色的 RGB 值设置为 195、193、203，如图 13-172 所示。

（27）在工具箱中选中钢笔工具，绘制图形，将填充色的 RGB 值设置为 195、194、203，轮廓色设置为无。使用同样的方法绘制图形，将填充色的 RGB 值设置为 196、195、204，轮廓色设置为无，如图 13-173 所示。

（28）选中绘制的两个图形，单击鼠标右键，在弹出的快捷菜单中选择【组合】命令，如图 13-174 所示。

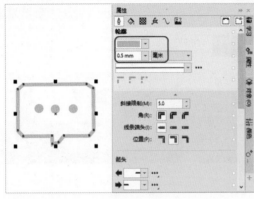

图 13-171   图 13-172

图 13-173   图 13-174

（29）在工具箱中选中文本工具，输入文本，将【字体】设置为 Arial，字体大小设置为
21pt，将填充色的 RGB 值设置为 195、193、203，如图 13-175 所示。

（30）在工具箱中选中矩形工具，绘制图形，将对象大小分别设置为 264mm、109mm，
将填充色的 RGB 值设置为 255、255、255，轮廓色设置为无，如图 13-176 所示。

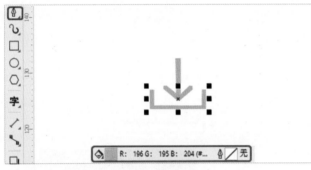

图 13-175   图 13-176

（31）将"运动素材 04.jpg"文件导入文档中，并调整其大小与位置，根据前面介绍的
方法绘制其他内容，如图 13-177 所示。

（32）将"运动素材 05.jpg"文件导入文档中，并调整其大小与位置，如图 13-178 所示。

图 13-177　　　　　　　　　　　　　　　　图 13-178

　　（33）在工具箱中选中矩形工具，绘制图形，将对象大小分别设置为 263mm、32mm，将填充色设置为白色，轮廓色设置为无。在工具箱中选中阴影工具，在绘图区中拖动鼠标为图形添加阴影效果，在属性栏中将阴影角度设置为 88，阴影延展设置为 100，阴影淡出设置为 15，阴影的不透明度设置为 100，阴影羽化设置为 15，将阴影颜色的 RGB 值设置为 165、207、241，【合并模式】设置为【乘】，如图 13-179 所示。

　　（34）在工具箱中选中钢笔工具，绘制图形，将填充色的 RGB 值设置为 159、204、255，轮廓色设置为无，如图 13-180 所示。

图 13-179　　　　　　　　　　　　　　　　图 13-180

　　（35）在工具箱中选中椭圆形工具，绘制图形，将填充色的 RGB 值设置为 73、148、242，轮廓色设置为无。使用钢笔工具绘制图形，将填充色设置为白色，轮廓色设置为无，如图 13-181 所示。

　　（36）在工具箱中选中椭圆形工具，绘制图形，将填充色设置为白色，轮廓色设置为无。使用同样的方法绘制图形，将填充色的 RGB 值设置为 159、204、255，轮廓色设置为无，如图 13-182 所示。

图 13-181　　　　　　　　　　　　　　　图 13-182

（37）在工具箱中选中钢笔工具，绘制图形，将填充色设置为白色，轮廓色设置为无。使用同样的方法绘制图形，将填充色的 RGB 值设置为 159、204、255，轮廓色设置为无，如图 13-183 所示。

（38）选中所有绘制的图形，单击鼠标右键，在弹出的快捷菜单中选择【组合】命令，如图 13-184 所示。

图 13-183　　　　　　　　　　　　　　　图 13-184

（39）使用前面介绍的方法绘制其他内容，并进行相应的设置，如图 13-185 所示。

图 13-185

CorelDRAW 2023
常用快捷键

新建文件 Ctrl+N	打开文件 Ctrl+O
保存文件 Ctrl+S	另存为文件 Ctrl+Shift+S
导入 Ctrl+I	导出 Ctrl+E
打印文件 Ctrl+P	退出 Alt+F4
撤销上一次的操作 Ctrl+Z/Alt+Backspase	重做操作 Ctrl+Shift+Z
重复操作 Ctrl+R	剪切文件 Ctrl+X/Shift+Del
复制文件 Ctrl+C/Ctrl+Ins	粘贴文件 Ctrl+V/Shift+Ins
再制文件 Ctrl+D	复制属性自 Ctrl+Shift+A
查找对象 Ctrl+F	形状工具 F10
橡皮擦工具 X	缩放工具 Z
平移工具 H	手绘工具 F5
智能绘图工具 Shift+S	艺术笔工具 I
矩形工具 F6	椭圆形工具 F7
多边形工具 Y	图纸工具 D
螺纹工具 A	文本工具 F8
交互式填充工具 G	网状填充工具 M
显示导航窗口 N	全屏预览 F9
视图管理器 Ctrl+F2	对齐辅助线 Alt+Shift+A
动态辅助线 Alt+Shift+D	贴齐文档网格 Ctrl+Y
贴齐对象 Alt+Z	贴齐关闭 Alt+Q
符号管理器泊坞窗 Ctrl+F3	变换	位置 Alt+F7
变换	旋转 Alt+F8	变换	缩放和镜像 Alt+F9

变换 | 大小 Alt+F10	左对齐 L
右对齐 R	顶部对齐 T
底部对齐 B	水平居中对齐 C
垂直居中对齐 E	对页面居中 P
对齐与分布泊坞窗 Ctrl+Shift+Alt+R	到页面前面 Ctrl+Home
到页面背面 Ctrl+End	到图层前面 Shift+PgUp
到图层后面 Shift+PgDn	向前一层 Ctrl+PgUp
向后一层 Ctrl+PgDn	合并 Ctrl+L
拆分 Ctrl+K	组合对象 Ctrl+G
取消组合对象 Ctrl+U	转换为曲线 Ctrl+Q
将轮廓转换为对象 Ctrl+Shift+Q	对象属性泊坞窗 Alt+Enter
亮度 / 对比度 / 强度 Ctrl+B	色彩平衡 Ctrl+Shift+B
色度 / 饱和度 / 亮度 Ctrl+Shift+U	轮廓图效果 Ctrl+F9
封套效果 Ctrl+F7	透镜效果 Alt+F3
文本属性泊坞窗 Ctrl+T	编辑文本 Ctrl+Shift+T
插入字符 Ctrl+F11	转换文本 Ctrl+F8
对齐基线 Alt+F12	拼写检查 Ctrl+F12
选项设置 Ctrl+J	宏管理器 Alt+Shift+F11
宏编辑器 Alt+F11	VSTA 编辑器 Alt+Shift+F12
停止记录 Ctrl+Shift+O	记录临时宏 Ctrl+Shift+R
运行临时宏 Ctrl+Shift+P	刷新窗口 Ctrl+W
关闭窗口 Ctrl+F4	对象样式泊坞窗 Ctrl+F5
颜色样式 Ctrl+F6	渐变填充 F11
均匀填充 Shift+F11	轮廓笔 F12
放大 Ctrl++	缩小 F3/Ctrl+-
缩放选定对象 Shift+F2	缩放全部对象 F4
调整缩放适合整个页面 Shift+F4	选中文本将文本加粗 Ctrl+B
选中文本将文本设置为斜体 Ctrl+I	选中文本为文字添加下划线 Ctrl+U
为文本添加 / 移除项目符号 Ctrl+M	将文本更改为水平方向 Ctrl+,
将文本更改为垂直方向 Ctrl+.	